STEPPENLEMMINGE
UND ANDERE WÜHLMÄUSE
BIOLOGIE • HALTUNG • ZUCHT

Ralf Sistermann

104 Fotos
1 Grafik

WIDMUNG

Für meine Eltern,
die mich die Liebe zum Leben und
die Achtung vor der Natur gelehrt haben

Titelbilder: Grauer Steppenlemming (*Lagurus lagurus*)
Hintergrund: Steppenlemming-Fell
Fotos: C. Ehrlich (3), K. Rudloff (1)

Die in diesem Buch enthaltenen Angaben, Ergebnisse, Dosierungsanleitungen etc. wurden vom Autor nach bestem Wissen erstellt und sorgfältig überprüft. Da inhaltliche Fehler trotzdem nicht völlig auszuschließen sind, erfolgen diese Angaben ohne jegliche Verpflichtung des Verlages oder des Autors. Beide übernehmen keine Haftung für etwaige inhaltliche Unrichtigkeiten.
Alle Rechte, insbesondere das Recht der Vervielfältigung und Verbreitung sowie der Übersetzung sind vorbehalten. Kein Teil des Werkes darf in irgendeiner Form (Druck, Fotokopie, Mikrofilm oder andere Verfahren) ohne schriftliche Genehmigung des Verlages reproduziert oder unter Verwendung elektronischer Systeme verarbeitet, gespeichert oder vervielfältigt werden.

ISBN: 978-3-937285-60-3

© Natur und Tier - Verlag GmbH
2. Auflage 2008
An der Kleimannbrücke 39/41
48157 Münster
Tel.: 0251-13339-0, Fax: 0251-13339-33
E-Mail: verlag@ms-verlag.de
Home: www.ms-verlag.de
Geschäftsführung: Matthias Schmidt
Layout: Ludger Hogeback - hohe birken
Lektorat: Kriton Kunz & Christian Ehrlich
Druck: Alföldi, Debrecen, Ungarn

Inhaltsverzeichnis

4 Vorwort

5 Die Legende vom Lemming

6 Der Steppenlemming – biologisch betrachtet
    6 Die Stellung in der Systematik
    7 Übersicht zur Wühlmaus-Systematik
    8 Das Aussehen
    9 Der Steppenlemming im natürlichen Lebensraum

11 Geschichtliches

12 Steppenlemminge als Heimtiere
    12 Wichtige Überlegungen und Vorbereitungen
    13 Platzbedarf und Gehegestandort
    14 Kosten
    15 Zeitaufwand
    16 Steppenlemminge und andere Haustiere
    17 Urlaub
    18 Kinder und Steppenlemminge

19 Erwerb
    19 Wie viele Steppenlemminge? – Das Sozialverhalten
    21 Vergesellschaftung – aus Fremden werden Freunde
    22 Der Kauf

24 Unterbringung und Zubehör
    24 Wahl des Geheges
    27 Die Einrichtung
    30 Maßnahmen gegen Langeweile
    32 Ausbruchskünstler
    34 Pflegemaßnahmen
    35 Aktivitätszeiten
    35 Umgang mit den Steppenlemmingen

37 Fütterung
    38 Die richtige Ernährung
    39 Das Trockenfutter
    40 Pellets als Futtermittel
    41 Fertigfutter oder selber mischen?
    41 Keimfutter
    42 Tierische Nahrung
    43 Frischfutter
    45 Müssen Lemminge trinken?
    46 Vorsicht Gift!
    46 Beschäftigung durch Fütterung
    47 Wie viel, wie oft und wann?
    48 Lagerung des Futters

49 Der gesunde Steppenlemming
    49 Der Gesundheits-Check
    51 Krankes Tier – was nun?
    51 Erste Maßnahmen
    52 Umgang mit Medikamenten
    52 Einige Erkrankungen der Steppenlemminge
    56 Wenn das Ende naht

57 Die Nachzucht
    58 Die Auswahl der Zuchttiere
    59 Geschlechtsbestimmung
    59 Zuchtfähiges Alter
    60 Paarung, Trächtigkeit und Geburt
    62 Pflege und Entwicklung der Jungtiere
    63 Kannibalismus/Kronismus
    64 Zuchtbuch

65 Steppenlemminge verstehen
    66 Die Sprache der Lemminge
    67 Markierungsverhalten

68 Steppenlemminge im Mietrecht

69 Weitere Wühlmausarten und ihre Pflege
    69 Gewöhnliche Rötelmaus
    70 Levante-Wühlmaus
    72 Schilfwühlmaus
    74 Orkney-Feldmaus
    75 Brandts Steppenwühlmaus

77 Danksagung

77 Adressen
    77 Ämter
    77 Vereinigungen
    77 Zeitschriften

78 Literatur

Vorwort

Wie kaum ein anderer Nager hat der Steppenlemming in jüngster Zeit eine rasante Entwicklung vom Versuchstier zum Haustier erlebt. Waren noch vor wenigen Jahren Steppenlemminge in der Liebhaberhaltung nahezu unbekannt, sind sie heute eine feste Größe. Auf nahezu jeder Tierbörse und in vielen Zoofachhandlungen, die exotische Nagetiere anbieten, kann man Steppenlemminge inzwischen finden. Bei aller Popularität ist der Steppenlemming jedoch bis heute nicht als domestiziert zu bezeichnen. So hat er sich nicht nur seine ursprünglichen Verhaltensweisen behalten, sondern bis heute sind auch keinerlei Farbvarianten (Mutationen) bekannt. Der Steppenlemming ist somit das ideale Tier für alle diejenigen, die sich mit dem Verhalten und der Nachzucht nicht domestizierter Nagetiere beschäftigen möchten.

Aber nicht nur der Steppenlemming, auch andere Vertreter der Wühlmausartigen werden inzwischen in Menschenobhut gepflegt. Leider gibt es kaum Literatur, die sich mit der Haltung, Fütterung und Vermehrung von Arten dieser interessanten Gruppe innerhalb der Nager befasst. Diese Lücke möchte ich mit dem vorliegenden Buch schließen. Es bietet persönliche Erfahrungen mit der Haltung und Nachzucht sowie Erkenntnisse, die durch wissenschaftliche Arbeiten in Freiland und Labor gewonnen wurden. Mein Ziel ist es, Ihnen umfassende Informationen über die Bedürfnisse von Steppenlemmingen und anderen Wühlmausartigen zu geben. Dies soll Ihnen helfen, Ihre Tiere artgerecht zu pflegen und Haltungsfehler zu vermeiden.

Der Schwerpunkt dieses Buches liegt dabei auf dem tiergerechten Umgang mit dem häufig gehaltenen Grauen Steppenlemming, im Anhang werden aber auch die weiteren in Menschenobhut befindlichen Wühlmausarten mit ihren Eigenarten und Ansprüchen an Pflege und Haltung vorgestellt.

Ich hoffe, dass das vorliegende Buch Ihnen viele Tipps und Anregungen für die Haltung von Steppenlemmingen gibt, die Ihnen helfen, das Leben der Ihnen anvertrauten Geschöpfe stetig zu verbessern.

Aachen, im Winter 2005
Ralf Sistermann

Die Legende vom Lemming

In vielen Köpfen hat sich die Legende des sich in suizidaler Absicht die Klippe hinunterstürzenden Lemmings bis heute festgesetzt. Selbst Computerspiele greifen dieses Bild auf. Der Ursprung dieser Legende, die leider auch in einigen „Fachbüchern" immer wieder angeführt wird, liegt in dem 1958 veröffentlichten Film „White Wilderness" von Walt Disney. In ihm zeigt Disney die Massenwanderungen der Lemminge mit dem anschließenden Todessprung ins Meer. Tatsächlich aber hat die Filmcrew damals lediglich einige Dutzend Tiere bei Einheimischen gekauft und diese auf einer schneebedeckten Drehscheibe laufen lassen. Aus entsprechender Perspektive gefilmt, entstand so der Eindruck einer riesigen, wandernden Gruppe Lemminge. Um auch den angeblichen Selbstmord filmisch in Szene zu setzen, wurden die Tiere anschließend direkt an einer Klippe ausgesetzt und mit Hunden gehetzt, worauf die Lemminge in Panik in den Abgrund sprangen (SISTERMANN 2004).

Wie bei so vielen Legenden steckt aber auch in der Mär vom Selbstmord der Lemminge ein Körnchen Wahrheit. Tatsächlich ist es so, dass es bei Steppenlemmingen und anderen Wühlmausarten zu zyklisch auftretenden Massenvermehrungen kommt. Doch bereits kurze Zeit nach diesem sprunghaften Anstieg der Lemmingpopulation scheint diese innerhalb kürzester Zeit wieder zusammenzubrechen. Da die Menschen im Verbreitungsgebiet der Lemminge zeitgleich mit diesem Zusammenbruch der Population immer wieder tote Lemminge an strömungsarmen Stellen der angrenzenden Flüsse fanden, wurde der rapide Rückgang der Lemmingzahl mit dem massenhaften Abwandern der Tiere zu neuen Nahrungsgründen erklärt. Dabei, so nahm man an, ertrinken alte, kranke oder schwache Tiere in den Flüssen, die den wandernden Lemmingen im Weg sind, und werden dann als Kadaver angeschwemmt. Tatsächlich konnte die Massenmigration der Lemminge bis heute aber nicht wissenschaftlich belegt werden. Der plötzliche Bestandseinbruch nach einer Massenvermehrung geht vielmehr auf das vermehrte Auftreten von Fressfeinden (Füchse, Eulen und andere Beutegreifer) zurück, die die Zahl der Lemminge dezimieren (GILG et al. 2003).

Um den Lemming ranken sich bis heute zahlreiche Legenden. Foto: C. Ehrlich

Der Steppenlemming – biologisch betrachtet

Steppenlemminge sind wahrlich faszinierende Nager, die extreme Biotope bewohnen. An das Überleben in den Trockengebieten Zentralasiens sind die Tiere hervorragend angepasst. Diese Anpassungen und das interessante Verhalten der Tiere in freier Natur sind interessante Aspekte aus dem Leben der Lemminge, die jeder Halter kennen sollte. Denn nur wer weiß, wie sein Heimtier als Wildtier lebt, kann eine artgerechte Haltung garantieren und Verhalten richtig deuten.

Steppenlemminge gehören zu den Wühlmäusen.
Foto: R. Sistermann

Steckbrief Grauer Steppenlemming

Name
deutsch	Grauer Steppenlemming
englisch	steppe lemming, russian lemming
französisch	lemming des steppes
niederländisch	Steppenlemming
wissenschaftlicher Name	*Lagurus lagurus*

Sonstiges
Herkunft	westliche Mongolei bis Ukraine, Nordwesten Chinas
Lebensraum	Steppen, Halbwüsten, teilweise Kulturland
Lebensweise	in Gruppen bis zu 50 Individuen
Geburtsgewicht	ca. 1 g
Gewicht adulter Tiere	15–40 g
Körperlänge	90–110 mm (Schwanzlänge 10–15 mm)
Lebenserwartung	ca. zwei Jahre
Geschlechtsreife	mit ca. 28 Tagen
Tragzeit	19–21 Tage
Anzahl der Jungen pro Wurf	1–12 (meist 6–8)
Anzahl der Würfe	bis zu fünf pro Jahr
erste feste Nahrung	mit 10–13 Tagen
selbstständig	nach 20–25 Tagen
Östrus-Zyklus	sieben Tage

Die Stellung in der Systematik

Um die auf der Erde vorkommenden Lebewesen zu ordnen und ihre verwandtschaftlichen Verhältnisse aufzuzeigen, bedient sich die Wissenschaft der Systematik. Diese unterteilt die Tiere zunächst in Klassen, eine davon ist die der Säugetiere. Die Klassen werden in Ordnungen aufgeteilt. Der Graue Steppenlemming gehört als Nagetier zur Ordnung Rodentia (lateinisch rodere = nagen), die mit etwa 10.000 Arten und Unterarten nahezu die Hälfte aller Säugetierspezies stellt. Viele Ordnungen bestehen aus verschiedenen Unterordnungen, im Falle des Grauen Steppenlemmings handelt es sich dabei um die der Mäuseverwandten (Myomorpha). Innerhalb der Unterordnungen unterscheiden die Zoologen dann noch Familien (inklusive Über- und Unterfamilien), denen die jeweiligen Gattungen zugeordnet werden.

Der Steppenlemming gehört zur Familie der Mäuseartigen (Muridae) und zur Unterfamilie der Wühlmäuse (Microtinae – von einigen Autoren auch als Arvicolinae bezeichnet), die sich in drei Gattungsgruppen mit insgesamt 26 Gattungen und ca. 150 Arten aufteilt. Früher wurden die Lemminge in der Familie Cricetidae (Wühler) geführt; diese Familienbezeichnung wich in der neueren Systematik dem aktuellen Taxon Muridae.

Auch wenn es der deutsche Name vermuten ließe, gehört der Steppenlemming nicht zur Gattungsgruppe der Lemminge (Lemmini), sondern zu den Echten Wühlmäusen (Microtini), zu denen auch die Feldmaus (*Microtus arvalis*) und Brandts Steppenwühlmaus (*Lasiopodomys brandtii*) zählen.

Die innerhalb einer Gattung zusammengefassten Arten sind alle nah miteinander verwandt. Dies zeigt sich u. a. daran, dass der wissenschaftliche Artnahme jeweils aus der Bezeichnung der Gattung sowie dem Namensanhang der Art besteht. Der

Die Stellung in der Systematik

Grauer Steppenlemming (*Lagurus lagurus*) Foto: C. Ehrlich

Schilfwühlmaus (*Microtus fortis*) Foto: R. Sistermann

Graue Steppenlemming (*Lagurus lagurus*) gehört also zur Gattung *Lagurus*, die Art wird in diesem Fall ebenfalls mit *lagurus* bezeichnet. Weitere Arten innerhalb dieser Gattung sind z. B. der Gelblemming (*Lagurus luteus*) und der Beifuß-Steppenlemming (*Lagurus curtatus*).

Leider wird der Graue Steppenlemming regelmäßig unter mehreren Trivialnamen angeboten. Neben der Kurzform „Steppenlemming" (diese Bezeichnung werde ich auch im weiteren Verlauf des Buches benutzen) wird er auch als „Mongolischer Lemming" oder „Graulemming" bezeichnet. Um Verwirrungen, die durch die Benutzung unterschiedlicher Trivialnamen entstehen können, zu vermeiden, sollte deshalb auch stets der wissenschaftliche Name angegeben werden, da so die Art genau bezeichnet werden kann. Der wissenschaftliche Name hilft auch bei der Kommunikation mit Nagerfreunden in verschiedenen Ländern, die jeweils andere Trivialnamen verwenden. Im englischsprachigen Raum wird der Steppenlemming beispielsweise steppe lemming, vereinzelt auch russian lemming oder sagebrush vole (bezeichnet eigentlich den Beifuß-Steppenlemming, *Lagurus curtatus*) genannt.

ÜBERSICHT ZUR WÜHLMAUS-SYSTEMATIK

Klasse:	Säugetiere (Mammalia)
Ordnung:	Nagetiere (Rodentia)
Unterordnung:	Mäuseverwandte (Myomorpha)
Überfamilie:	Mäuseartige (Muroidea)
Familie:	Mäuseartige/Echte Mäuse (Muridae)
Unterfamilie:	Wühlmäuse (Microtinae)
Tribus:	Echte Wühlmäuse (Microtini)
Gattungen:	Rötelmäuse (*Clethrionomys*) mit der Art Gemeine Rötelmaus (*Clethrionomys glareolus*)
	Echte Wühlmäuse (*Microtus*) mit den Arten Feldmaus (*Microtus arvalis*), Levante-Wühlmaus (*M. guentheri*) und Schilfwühlmaus (*M. fortis*)
	Steppenwühlmäuse (*Lasiopodomys*) mit der Art Brandts Steppenwühlmaus (*Lasiopodomys brandtii*)
	Steppenlemminge (*Lagurus*) mit der Art Grauer Steppenlemming (*Lagurus lagurus*)

Die genannten Arten sind natürlich lediglich bekanntere Vertreter der jeweiligen Gattung, es gibt weitere.

Die Feldmaus (*Microtus arvalis*) ist eine einheimische Wühlmaus. Foto: C. Ehrlich

Das Aussehen

Mit einer Kopf-Rumpf-Länge von 90–110 mm gehört der Steppenlemming zu den eher kleinen Wühlmausartigen. Sein Schwanz ist dicht behaart und mit 10–15 mm Länge relativ kurz. Im Gegensatz zum Schwanz sind die Fußsohlen nur teilweise behaart. Die Färbung des Rückens variiert je nach Herkunftsgebiet und Alter zwischen Hellgrau und Graubraun. Insbesondere ältere Tiere zeigen eine deutlich bräunliche Färbung. Charakteristisch für den Grauen Steppenlemming ist der schwarze Rückenstreifen, anhand dessen die Art gut von den anderen beiden Spezies der Gattung zu unterscheiden ist. Die Bauchseite ist weißlich gefärbt, die Krallen sind hornfarben.

Auf den ersten Blick gleicht der Steppenlemming dem Chinesischen Streifenhamster (*Cricetulus griseus*). Wie dieser besitzt der Steppenlemming einen lang gestreckt walzenförmigen Körper, durch seine kleine Ohren und den kurzen Schwanz unterscheidet er sich aber letztlich deutlich vom genannten Hamster. Aufgrund seiner kurzen Beine wirkt der Steppenlemming beim Laufen, besonders wenn sich der Körper bei rascher Fortbewegung zusätzlich streckt, wie an einer Schnur gezogen.

Um ihn vor den heftigen Winterstürmen seiner Heimat zu schützen, ist das Fell des Steppenlemmings mit Fetten imprägniert und somit vor Wasser geschützt. Auf diese Weise kühlt er auch bei nasskaltem Wetter nicht so schnell aus, wenn er seinen Bau verlässt.

Der schwarze Aalstrich ist charakteristisch für den Steppenlemming. Foto: C. Ehrlich

DER STEPPENLEMMING IM NATÜRLICHEN LEBENSRAUM

Das Verbreitungsgebiet des Steppenlemmings erstreckt sich heute von der westlichen Mongolei bis in die Ukraine sowie in den Nordwesten Chinas. Dies ist jedoch nur ein Bruchteil des ursprünglichen Verbreitungsgebietes, das sich im Pleistozän (vor 2,5 Mio.–10.000 Jahren) bis nach England erstreckte. Neben Klimaänderungen haben in jüngster Zeit vor allem die Zerstörungen des Habitats dazu beigetragen, dass der Lebensraum des Steppenlemmings zunehmend kleiner wird. Er kommt in seinem Verbreitungsgebiet jedoch recht häufig vor, sodass er nicht als bedroht angesehen wird.

Als Lebensraum bevorzugen die Steppenlemminge, wie es der Name schon sagt, Steppen und Halbwüsten. Wo diese durch menschliche Eingriffe verloren gingen, besiedeln sie auch Kultur- und Weideland. Im sandigen Boden der Steppen errichten sie ihre umfangreichen Bausysteme, in denen sie sich überwiegend aufhalten. Auch ihre Jungtiere werden hier geboren und aufgezogen. Die Baue erreichen eine Tiefe von bis zu 90 cm und haben lediglich 2–3 Öffnungen. In diesen Gangsystemen befindet sich auch die eigentliche Nestkammer, eine kugelförmige Höhle mit einem Durchmesser von 10–15 cm, die von den Tieren mit trockenem Gras

Das Verbreitungsgebiet des Steppenlemmings erstreckte sich im Pleistozän bis nach England. Foto: R. Sistermann

Der Steppenlemming gleicht auf den ersten Blick dem Chinesischen Streifenhamster (*Cricetulus griseus*). Foto: C. Ehrlich

Steppenlemminge sind vor allem nachts außerhalb ihres Baus anzutreffen. Foto: C. Ehrlich

und feinen Wurzeln ausgepolstert wird. Ihren Bau verlassen die Steppenlemminge vor allem nachts, aber auch tagsüber sind die Tiere häufig für 2–4 Stunden außerhalb der schützenden Gänge anzutreffen. Um während der Nahrungssuche ausreichend Schutz zu finden, legen Steppenlemminge zusätzliche Baue in einiger Entfernung zum Hauptbau an, die meist nur aus einer einfachen Röhre bestehen und als Versteck vor Fressfeinden dienen.

Steppenlemminge ernähren sich herbivor, d. h. von Pflanzen. Ihre Hauptnahrung besteht aus Gräsern, Knollen, Wurzeln und Steppenkräutern. In Gegenden, in den Wermut (*Artemisia absinthium*) vorhanden ist, bildet dieser die bevorzugte Nahrungsquelle. In der Nähe von Kulturflächen werden auch Getreide und Saaten als Nahrungsgrundlage genutzt, weshalb Lemminge bei den einheimischen Bauern nicht sehr beliebt sind, zumal sie in den Phasen der Massenvermehrung große Schäden in den Pflanzungen anrichten können. Ein Teil ihrer Nahrung wird von den Steppenlemmingen im Bau getrocknet und dient als Vorrat für den Winter.

Steppenlemminge sind gesellige Tiere, die in Kolonien leben, die aus 30–50 Individuen bestehen können. Die Fortpflanzung fällt in die Zeit zwischen April und Oktober, lediglich in sehr milden Wintern werden auch außerhalb dieses Zeitraums Junge aufgezogen. Nach einer Tragzeit von etwa 20 Tagen werden 6–8 Jungtiere geboren, es wurden jedoch auch schon Würfe mit zwölf Jungtieren dokumentiert. Die Jungtiere, die bei der Geburt kaum mehr als 1 g wiegen, entwickeln sich extrem schnell und können bereits nach 10–13 Tagen feste Nahrung zu sich nehmen. Bereits nach ca. vier Wochen sind die Jungtiere geschlechtsreif und können für eigenen Nachwuchs sorgen. Da ein Weibchen pro Jahr bis zu fünf Würfe aufziehen kann und die Jungtiere bereits sehr früh geschlechtsreif sind, kommt es in Jahren, in denen ausreichend Nahrung vorhanden ist, zu einer ausgesprochenen Massenvermehrung. Bereits kurze Zeit später bricht der Bestand durch die Zunahme von Fressfeinden allerdings wieder ein, sodass erneut der Ausgangszustand herstellt ist.

Um sich vor Fressfeinden zu schützen, nutzen Steppenlemminge jeden Unterschlupf. Foto: C. Ehrlich

Der Steppenlemming hat eine lange Geschichte als Labortier hinter sich. Foto: C. Ehrlich

GESCHICHTLICHES

Bereits 1773 wurde der Steppenlemming von dem deutschen Forscher Peter Simon PALLAS (1741–1811) beschrieben. Dieser hatte als Mitglied der Akademie der Wissenschaften in St. Petersburg verschiedene Expeditionen durch Sibirien und das südliche Russische Reich unternommen, bei denen er eine Vielzahl an Tieren sammelte, die er später im Labor der Akademie hielt und züchtete.

1956 wurde der Steppenlemming als Labortier entdeckt. Nachdem er zunächst in der Krebsforschung eingesetzt wurde, werden heute vor allem verschiedene Infektionen an ihm erforscht, z. B. Leishmaniose.

Als Heimtier wurde der Steppenlemming erst in den 1980er-Jahren populär. Nachdem er zunächst nur wenigen Freunden exotischer Kleinsäuger bekannt war, erlebte er in den letzten Jahren – nicht zuletzt auch durch die Zunahme von Tierbörsen und Berichten im Internet – einen Boom. Zwar hat er bis heute keine Farbmutationen hervorgebracht, dennoch ist er für viele Liebhaber inzwischen ein ernsthafter Konkurrent zu den beliebten Zwerghamstern geworden. Dies liegt nicht nur an seinem interessanten Wesen und Verhalten, sondern auch an der im Vergleich zu Zwerghamstern geringeren Geruchsbelästigung.

Steppenlemminge sind ideale Heimtiere, wenn man ihre Bedürfnisse beachtet. Foto: C. Ehrlich

STEPPENLEMMINGE ALS HEIMTIERE

Seit den 1980er Jahren ist die Zahl der Steppenlemming-Halter also drastisch gestiegen – nicht zuletzt auch, weil Disneys Film und das Märchen vom Massenselbstmord diese Nagergruppe so bekannt gemacht haben. Trotzdem – oder gerade deswegen – sollte an dieser Stelle dringend vor Spontankäufen gewarnt werden. Sie sollten Lemminge – oder ein anderes Tier – erst nach reiflicher Überlegung kaufen. Sie übernehmen die Verantwortung für das gesamte Leben des Tieres!

WICHTIGE ÜBERLEGUNGEN UND VORBEREITUNGEN

Sie spielen mit dem Gedanken, sich Steppenlemminge als neue Hausgenossen anzuschaffen? Bevor Sie nun überlegen welche Bedürfnisse die kleinen Kerle in Bezug auf Haltung und Fütterung haben, sollten sie sich zunächst darüber im Klaren sein, dass nicht nur die Steppenlemminge, sondern auch Sie als Halter Bedürfnisse haben. So sollten Sie vorab einmal klären, welche Anforderungen Sie an den Steppenlemming als Heimtier stellen. Denn ein Tier zu erwerben, nur weil es „niedlich" aussieht, ist sicher der falsche Weg. Vor der Anschaffung von Steppenlemmingen sollte man sich deshalb einige grundlegende Fragen stellen:

FRAGEN VOR DER ANSCHAFFUNG

- Habe ich mich über die Ansprüche und Bedürfnisse der Steppenlemminge gut informiert?
- Habe ich ausreichend Zeit, um mich mit den Lemmingen zu beschäftigen?
- Ist mir bewusst, dass sie ihr Aktivitätsmaximum nachts erreichen?
- Bin ich bereit, regelmäßig Zeit zum Reinigen des Käfigs zu investieren?
- Weiß ich, wer meine Tiere im Urlaub versorgt?
- Sind die Kosten für Futter, Streu und Gemüse im Haushaltsbudget eingeplant?
- Bin ich bereit, die für die Behandlung eines kranken Steppenlemmings anfallenden Tierarztkosten (meist ein Vielfaches des Tierpreises) zu tragen?
- Ist mir bewusst, dass Steppenlemminge keine Kuscheltiere sind?
- Bin ich bereit, mindestens (!) zwei Steppenlemminge anzuschaffen?
- Habe ich einen zweiten Käfig, um ein krankes oder verletztes Tier gesondert (in Quarantäne) halten zu können?

PLATZBEDARF UND GEHEGESTANDORT

Informieren Sie sich vor der Anschaffung über die Haltung!
Foto: C. Ehrlich

Klären Sie vor der Anschaffung, ob nicht ein Familienmitglied Allergien hat. Foto: C. Ehrlich

Wenn Sie alle zehn Fragen mit einem klaren Ja beantwortet haben, aber auch nur dann, steht einer Anschaffung der neuen Hausgenossen nichts mehr im Wege. Allerdings sollten Sie zunächst noch mit den restlichen Mitgliedern ihres Haushalts sprechen, um abzuklären, ob eventuell eine Tierhaar- oder Stauballergie besteht. Sollte es in diesem Punkt keine Sicherheit geben, empfiehlt sich ein Allergietest, der häufig beim Internisten oder einem Dermatologen gemacht werden kann. Es wäre schade, wenn Sie sich an Ihre neue Heimtiere gerade gewöhnt hätten, sie aber gleich wieder abgeben müssten, weil ihre Anwesenheit bei Ihnen oder Familienangehörigen z. B. Niesreiz und juckende Augen verursacht.

Tipp: Setzen Sie sich mit allen Mitbewohnern vor der Anschaffung Ihrer Steppenlemminge zusammen und sprechen Sie möglicherweise auftretende Probleme im Vorfeld durch.

PLATZBEDARF UND GEHEGESTANDORT

Ist die Kaufentscheidung für die Steppenlemminge gefallen, gilt es Vorbereitungen zu treffen, bevor die Tiere einziehen können. Zunächst muss die Frage

Der Gehegestandort sollte sorgfältig geplant sein. Foto: C. Ehrlich

geklärt werden, welchen Platz das neue Heim der Steppenlemminge bekommen soll. Ist ausreichend Raum in der Wohnung vorhanden, und wenn ja, welcher Standort ist am besten geeignet?

So banal diese Fragen zunächst auch klingen mögen: Spätestens wenn man mit dem neuen Käfig dasteht und feststellt, dass der Platz dann doch nicht ausreicht, stellt sich heraus, dass eine gute Planung im Vorfeld wichtig ist. So sollte bereits vor dem Kauf die Käfiggröße feststehen, außerdem gilt es zu überlegen, wie dieser zur Einrichtung passt.

Generell kann ein Steppenlemminggehege nicht groß genug sein. Als Mindestgröße für ein Pärchen sollte das Gehege eine Größe von 80 x 40 x 40 cm (Länge x Tiefe x Höhe) besitzen. Eine Gehegehöhe von weniger als 40 cm ist nicht zu empfehlen, da für die Steppenlemminge ansonsten nicht ausreichend Platz für das Graben ihrer Gänge bleibt.

Das Gehege der Steppenlemminge muss an einem möglichst ruhigen Platz Ihrer Wohnung aufgestellt werden. Es ist dabei von Vorteil, wenn sich der Standort auf Augenhöhe befindet. Dies erleichtert das Beobachten der Tiere, außerdem ist es für die Lemminge angenehmer, weil sie nicht ständig von oben herab betrachtet werden. Da sie in freier Wildbahn vor allem Greifvögel als Fressfeinde zu fürchten haben, fühlen sie sich durch von oben herabschauende Betrachter bedroht, was zu unnötigem Stress führt. Gänzlich ungeeignet als Gehegestandort ist der Fußboden, da die Vibrationen, die Sie durch das Gehen hervorrufen, von den Tieren gespürt werden können, was sie erheblich stört. In der Nähe von Fernseher oder HiFi-Anlage sollte das Heim Ihrer Steppenlemminge ebenfalls nicht stehen – der Lärm würde die Tiere mit ihren empfindlichen Ohren sehr belästigen.

Bei der Auswahl des Gehegestandorts müssen auch die Lebensgewohnheiten der neuen Mitbewohner bedacht werden. Als dämmerungs- und nachtaktive Tiere bevorzugen die Steppenlemminge einen schattigen Standort – keinesfalls dürfen sie über einen längeren Zeitraum direkter Sonneneinstrahlung ausgesetzt werden. Dies könnte sonst schlimmstenfalls zum Tod durch Hitzschlag führen. Fensterbänke sind deshalb als Platz für das Nagerdomizil vollkommen ungeeignet. Zugluft kann schwere Erkrankungen auslösen, deshalb muss das Lemmingheim an einem zugluftfreien Ort stehen.

Sollten Sie oder ein Familienmitglied rauchen, gilt es zu bedenken, dass der Zigarettenqualm für Steppenlemminge äußerst ungesund ist – für Sie übrigens auch ... Das Gehege sollte deshalb in einem Raum aufgestellt werden, in dem nicht geraucht wird. Auf die Unterbringung der Lemminge in Schlaf- oder Kinderzimmern sollte verzichtet werden, da durch die Aktivitäten der kleinen Nager in den Nachtstunden eine nicht unerhebliche Geräuschkulisse entsteht – genau dann, wenn Sie schlafen wollen. Nur wenn Sie über einen sehr tiefen Schlaf verfügen, werden Sie sich von dem Gequieke und Scharren der Lemminge nicht gestört fühlen.

Gegen tiefe Temperaturen sind Steppenlemminge relativ unempfindlich, da sie daran angepasst sind. In ihrer Heimat müssen sie auch über längere Zeiträume Temperaturen weit unter dem Gefrierpunkt überstehen. Tiefe Temperaturen führen zu einem veränderten Verhalten der Steppenlemminge: Sie verlassen ihren Bau dann meist nur tagsüber und nur für kurze Zeit. Auch wenn die Lemminge gut an tiefere Temperaturen angepasst sind, sollten sie nicht dauerhaft unter 18 °C gehalten werden. Es gibt allerdings auch Halter, die ihre Lemminge ständig in Außenhaltung (z. B. auf dem Balkon) untergebracht haben und über gute Erfolge berichten.

Kosten

Bei der Frage nach den Kosten werden in vielen Fällen zunächst nur die Ausgaben für das Gehege und die Tiere gesehen. Diese sind abhängig von der Art und der Größe des Geheges, die Kosten für die Lemminge selbst sind eher gering. Allerdings dürfen Sie nicht vergessen, dass neben diesen einmaligen Investitionen auch eine Reihe an laufenden Kosten auf Sie zukommt. So müssen Sie regelmäßig Futter, Heu und Einstreu kaufen. Gerade beim Futter sollte nicht gespart werden, denn hier ist die Qualität entscheidend! Wenn diese Posten einzeln auch nicht sehr hoch sind, so summieren sie sich doch im Laufe der Zeit und müssen im Haushaltsbudget eingeplant werden. Hinzu kommen die Anschaffungskosten für diverses Zubehör, wie Häuschen, Wurzeln und andere Einrichtungsgegenstände.

ZEITAUFWAND

Neben den Kosten für die Anschaffung der Steppenlemminge ...
Foto: R. Sistermann

Die täglichen Pflegearbeiten nehmen nur wenig Zeit in Anspruch. Foto: C. Ehrlich

Die Preise für Steppenlemminge variieren teilweise erheblich. Während ein Pärchen bei einem Züchter zwischen 10 und 40 Euro kostet, nehmen Zoohandlungen teilweise das Doppelte. Der Preis sollte jedoch nie das entscheidende Kaufargument sein, vielmehr ist es wichtiger, gesunde Exemplare aus einer tiergerechten Haltung zu erwerben.

... muss auch das Zubehör ins Budget eingerechnet werden.
Foto: R. Sistermann

Leider können auch Steppenlemminge einmal krank werden (siehe „Der gesunde Steppenlemming"). In manchen Fällen ist dann ein Tierarztbesuch unumgänglich. Die Kosten dafür übersteigen die Anschaffungskosten der Lemminge bei weitem. Auch dies muss bei der Budgetplanung bedacht werden.

Tipp: Besuche bei Zoohandlungen in Ihrer Nähe können Ihnen ein Bild vermitteln, was an Kosten auf Sie zukommt, außerdem können Sie gleichzeitig die Angebote vergleichen. Eine gute Vergleichsmöglichkeit bietet auch das Internet.

ZEITAUFWAND

Die Pflege von Steppenlemmingen beansprucht verhältnismäßig wenig Zeit, wenn man nur wenige Tiere hält. Bei der Reinigung des Käfigs ist ein Intervall von 3–4 Wochen ausreichend, zumal der Urin der Steppenlemminge, anders als bei vielen anderen Nagern, kaum riecht, sodass es nicht zu einer Geruchsbelästigung kommt. Zu den Arbeiten, die täglich erledigt werden müssen, gehört neben der Versorgung mit frischem Wasser und Futter auch ein kurzer Gesundheits-Check. Einmal wöchentlich sollte dieser dann ausführlicher durchgeführt werden.

Die allgemeinen Pflegemaßnahmen werden für Sie bald zur Routine werden und dann nur noch

Steppenlemminge und andere Haustiere

Das Lemming-Gehege muss nur alle 3–4 Wochen gereinigt werden. Foto: C. Ehrlich

wenig Zeit kosten. Wenn Sie jedoch Ihre Steppenlemminge zähmen möchten, dann müssen Sie sich täglich ausgiebig mit ihnen beschäftigen, um sie an Ihre Hand zu gewöhnen.

Steppenlemminge und andere Haustiere

Hunde, Katzen und andere Haustiere stellen für Steppenlemminge eine ernste Gefahr dar. Nicht nur, dass sie eventuell Krankheiten übertragen könnten, die für die Lemminge lebensbedrohlich sind, sondern in so mancher Katze erwacht auch das Raubtier, wenn sie die kleinen Nager in ihrer Nähe weiß. Auch bei Hunden, Frettchen oder anderen Fleischfressern löst die Anwesenheit der Lemminge den Jagdtrieb aus. Vögel stellen zwar meist keine große Gefahr dar, die von ihnen verursachten Geräusche wirken aber störend auf die Lemminge.

Es hat sich deshalb bewährt, Lemminge in einem separaten Raum zu halten, der anderen Haustieren nicht zugänglich ist. Dies bietet vor allem den Vorteil, dass die Steppenlemminge die anderen Tiere nicht ständig riechen. Denn der dauerhafte Geruch von Hund, Katze & Co. verursacht

Das Lemminggehege muss für Katzen unzugänglich sein. Foto: C. Ehrlich

bei Lemmingen Stress, da sie diese als Feinde ansehen. Andere Nagergehege können in einem solchen Raum natürlich aufgestellt werden, jedoch sollten aus Gründen der Hygiene und Gesundheit die unterschiedlichen Nager nicht miteinander in Berührung kommen.

Ist eine räumliche Trennung der Tiere nicht möglich, so muss darauf geachtet werden, dass das Gehege der Lemminge so abgesichert ist, dass kein anderes Tier von außen an sie gelangen kann. Schützen muss man die Lemminge zudem manchmal vor menschlichen Besuchern, die einfach in die Behausung hineingreifen oder gegen das Gehege klopfen. Beides verursacht unnötigen Stress für die Tiere.

URLAUB

Urlaubszeit – Reisezeit, aber was passiert dann mit den Lemmingen? Sie benötigen regelmäßige Pflege, Wasser und Futter. Außerdem muss der Käfig gereinigt werden.

Mit etwas Glück finden Sie in Ihrem Umfeld Menschen, die bereit sind, die Pflege der Tiere während Ihrer Abwesenheit zu übernehmen. Ideal ist es, wenn die Lemminge an ihrem Standort verbleiben können und der Pfleger einmal täglich nach ihnen schaut, da sich die Tiere in ihrer gewohnten Umgebung am wohlsten fühlen. Ist dies nicht möglich, da z. B. die betreffende Person zu weit weg wohnt, müssen die Tiere für die Dauer des Urlaubs in der Pflegestelle untergebracht werden. Für solche Fälle empfiehlt es sich, ein „Urlaubsgehege" bereitzuhalten, das etwas kleiner und dadurch transportabler ist. Beim Transport der Tiere müssen sie unbedingt vor Zugluft und direkter Sonneneinstrahlung geschützt werden!

Alternative Unterbringungsmöglichkeiten für die Urlaubszeit sind Tierpensionen oder Tierheime. Diese nehmen die Steppenlemminge gegen eine geringe Gebühr auf, sollten allerdings schon frühzeitig gebucht werden, da sonst die Gefahr besteht, dass sie keinen Platz mehr frei haben. In vielen Städten gibt es inzwischen auch private „Tiersitter", die sich gegenseitig bei der Urlaubsbetreuung ihrer Lieblinge helfen.

Generell empfiehlt es sich, einen genauen Pflegeplan zu erstellen, in dem alle erforderlichen Maßnahmen aufgeführt sind. Achten Sie außerdem darauf, dass sie je nach Verhältnis zur betreuenden Person/Institution einen Pflegevertrag abschließen. Er enthält u. a. Angaben, wann der Tierarzt aufgesucht werden soll und wer die Kosten trägt. Letztlich regelt er auch, wer haftet, wenn es zu Schäden oder sogar zum Tod eines Tieres kommt.

Wohin mit dem Lemming im Urlaub? Foto: C. Ehrlich

Leider werden besonders Kleinsäuger in der Urlaubszeit oft einfach ausgesetzt. Dies ist nicht nur strafbar, es bedeutet für die Steppenlemminge meist auch den sicheren Tod. Sollten sie dennoch überleben, ist es kaum abschätzbar, welchen Einfluss dies auf die einheimische Fauna und Flora hätte. Überlegen Sie deshalb bereits vor der Anschaffung, wie die Versorgung der Lemminge im Urlaub geregelt werden kann.

Tipp: Für Steppenlemminge bedeutet Verreisen Stress! Suchen Sie in Ihrem Bekanntenkreis lieber nach einem Pfleger für Ihre Steppenlemminge, der jeden Tag einmal nachsieht, ob alles in Ordnung ist, und den Nagern Futter und Wasser gibt! Bei Kurztrips am Wochenende reicht es aus, den Tieren mehr Futter zu reichen und die Nippeltränke frisch zu befüllen.

Ausreichend mit Futter versorgt, können die Lemminge auch einmal ein Wochenende alleine bleiben. Foto: C. Ehrlich

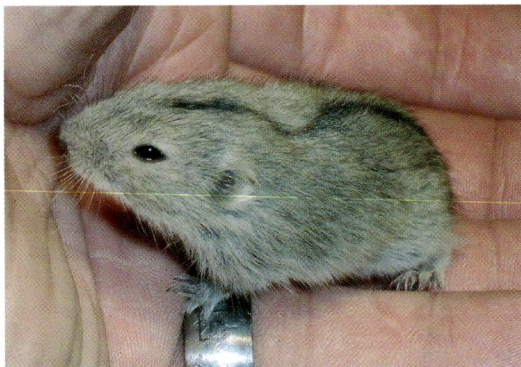

Mit ausreichend Geduld können Steppenlemming sehr zahm werden. Foto: R. Sistermann

Haben Sie keine Pflegestelle gefunden oder wollen Sie sich nicht von Ihren Lemmingen trennen, können diese notfalls auch mit in den Urlaub genommen werden. Eine solche Reise verursacht allerdings enormen Stress für die Tiere. Um die Belastung nicht zu vergrößern, sollten Sie die Steppenlemminge frühzeitig an das „Urlaubsgehege" (falls vorhanden) gewöhnen und vor der Fahrt mit Wasser und Futter versorgen. Im Vorfeld müssen Sie sich zudem über die entsprechenden Einreisebedingungen (Quarantäne) des Urlaubslandes erkundigen.

KINDER UND STEPPENLEMMINGE

Steppenlemminge sind keine „Knuddeltiere", und dies nicht nur aufgrund ihrer geringen Größe, sondern auch weil sie äußerst lebhaft sowie wendig sind und sich schnell dem Griff von Menschenhänden entwinden. Als Spielgefährten oder Kuscheltiere für Kinder sind Lemminge deshalb absolut ungeeignet – zumal sie durchaus heftig zubeißen können. Zwar können Steppenlemminge bei entsprechendem Handling durchaus zahm werden, dies erfordert aber eine Menge Zeit und Geduld. Und selbst dann gibt es keinerlei Garantie dafür, dass Ihre Lemminge zu zahmen Hausgenossen werden. Einige Tiere behalten zeitlebens ihr scheues und zurückhaltendes Wesen, unabhängig von der Zeit, die man in die Zähmung investiert.

Keinesfalls sollten Kinder ohne Aufsicht innerhalb des Lemminggeheges hantieren dürfen oder die Tiere aus dem Gehege herausnehmen, da sonst die Gefahr besteht, dass die quirligen Kerlchen von der Hand springen, wobei sie sich schwer verletzen können. Unter Anleitung dürfen Kinder aber durchaus z. B. einfache Reinigungsmaßnahmen durchführen, die Tiere füttern und mit Wasser versorgen. Leben Sie Ihren Kindern den Respekt vor der Kreatur vor. Es ist Tierquälerei, wenn die Lemminge nur zur Belustigung der „Halter" in Spielzeug gesetzt oder mit „Hütchen" oder Ähnlichem verziert werden, um dann ein möglich lustiges Foto zu machen. Steppenlemminge sind eigenständige Lebewesen, die selber entscheiden möchten, was sie tun. Dies sollte Kindern schon vor der Anschaffung verdeutlicht werden, um Enttäuschungen vorzubeugen.

Ihre geringe Größe, ihr ansprechendes Äußeres, ihre Lebhaftigkeit und ihr großes Verhaltensrepertoire machen Steppenlemminge aber dennoch zu liebenswerten Hausgenossen – auch für Kinder. Da sie jedoch vor allem zum Beobachten geeignet sind, sind sie eher für Kinder ab zwölf Jahren zu empfehlen. Die Eltern sind gefragt, wenn es darum geht, einzuschätzen, ob ihr Kind verantwortungsvoll mit den Steppenlemmingen umgehen kann. Sie sind es auch, an denen letztlich die Pflege- und Reinigungsarbeiten hängen bleiben, selbst, wenn das Tier für die Kinder gekauft wurde. Erst mit zunehmendem Alter kann dann dem Kind mehr Verantwortung für die Pfleglinge übertragen werden. Dennoch bleibt es in der Verantwortung der Eltern, zu überprüfen, ob sich ihr Kind ausreichend um die Lemminge kümmert und diese versorgt.

ERWERB

Mit dem Erwerb von Steppenlemmingen beginnt für Mensch und Tier ein neues Kapitel ihres Lebens. Daher sollte dieser Tag gut geplant sein und am besten z. B. am Wochenende oder einem freien Tag liegen, damit Sie auch genügend Zeit haben, das Einleben der neuen Hausgenossen zu beobachten. Besonders wichtig ist es dabei natürlich, dass alles für den Lemmingeinzug vorbereitet ist ...

WIE VIELE STEPPENLEMMINGE? – DAS SOZIALVERHALTEN

Steppenlemminge sind gesellige Tiere: Im Freiland leben sie in großen Gruppen von bis zu 50 Individuen. Deshalb dürfen sie – anders als Hamster – keinesfalls einzeln gehalten werden. Ihr innerartliches Sozialverhalten können sie nur ausleben, wenn sie mindestens zu zweit gepflegt werden.

Der Einzugstag der Lemminge sollte gut geplant sein.
Foto: C. Ehrlich

Bleibt die Frage, ob man eher Männchen-, Weibchen- oder gemischte Gruppen bzw. Paare vergesellschaften sollte. Die Antwort hängt zunächst davon ab, ob man Nachwuchs haben möchte. Step-

Steppenlemminge sind gesellige Tiere und dürfen nicht einzeln gehalten werden. Foto: C. Ehrlich

Wieviele Steppenlemminge? – Das Sozialverhalten

Steppenlemminge unternehmen alles gemeinsam.
Foto: C. Ehrlich

Besonders junge Lemminge lassen sich leicht vergesellschaften. Foto: R. Sistermann

penlemminge sind sehr fruchtbar, ein Weibchen kann jährlich fünf Würfe mit jeweils bis zu acht (oder mehr) Jungtieren zur Welt bringen. Dies sollte man bedenken, wenn man ein Pärchen halten möchte. Da man nicht alle Jungtiere behalten kann, sollte zudem im Vorfeld geklärt werden, ob man sie an geeignete Personen abgeben kann.

Weibliche Lemminge lassen sich meist problemlos paarweise halten. Nur selten kommt es innerhalb eines solchen Paares zu Spannungen oder Beißereien. Besonders günstig ist es, wenn es sich um Geschwister handelt, die gemeinsam aufgezogen wurden. Bei der Paarhaltung männlicher Steppenlemminge kommt es hingegen immer wieder zu Streitereien und Beißereien. Bei Geschwistertieren gibt es aber auch sehr gute Erfahrungen mit der Haltung zweier Männchen.

Generell kann man Steppenlemminge außerdem in größeren Gruppen halten. Hierbei gilt es zunächst zu bedenken, dass bei einer größeren Gruppe auch der Platzbedarf zunimmt. Reicht für zwei Tiere eine Grundfläche von 80 x 40 cm aus, benötigen vier oder fünf Tiere schon eine Grundfläche von 100 x 40 cm. Bei gemischtgeschlechtlichen Gruppen hat es sich bewährt, wenn die Anzahl der Weibchen größer ist als die der Männchen. Ideal ist eine Gruppengröße von einem Männchen und 3–4 Weibchen. Befinden sich mehrere Männchen in einer Gruppe, kann es vorkommen, dass das rangniedrigste Tier so gestresst wird, dass es die Nahrung verweigert und verhungert. Auch kommt es immer wieder zu Beißereien zwischen den geschlechtsreifen Männchen, während die Weibchen sich deutlich friedlicher verhalten. Aus diesem Grund ist von der Haltung einer reinen Männchengruppe aus mehr als zwei Tieren abzuraten, wohingegen Weibchengruppen meist stabil sind. Dabei hat sich gezeigt, dass Gruppen mit gerader Tieranzahl meist friedlicher zusammen leben, da hier normalerweise kein Tier alleine ausgestoßen werden kann.

Wichtig ist, dass Sie die Lemminge nicht zu jung erwerben, da wissenschaftliche Studien gezeigt haben, dass Exemplare, die früh von den Eltern getrennt wurden, nicht ausreichend sozialisiert sind und zu Aggressionen neigen. Erwerben Sie deshalb keine Lemminge, die jünger als sechs Wochen sind. Zwar sind die Nager in diesem Alter schon geschlechtsreif, erfahrungsgemäß werden die Weibchen aber erst mit einem Alter von ca. vier Monaten erstmals trächtig – allerdings gibt es natürlich auch Ausnahmen.

Tipp: Ein Steppenlemming ist kein Steppenlemming. Da Lemminge sehr gesellige Tiere sind, dürfen sie niemals einzeln gehalten werden.

Vergesellschaftung – Aus Fremden werden Freunde

Es gibt immer wieder Situationen, in denen man als Halter fremde Steppenlemminge aneinander gewöhnen muss. Dies ist z. B. dann der Fall, wenn zwei Tiere aus unterschiedlichen Gruppen zusammengesetzt oder wenn neue Zuchtpaare gebildet werden sollen. Auch wenn ein Partner verstorben ist, muss dem verbliebenen Tier ein neuer Artgenosse zugesellt werden. Während die Vergesellschaftung junger, noch nicht oder erst seit kurzer Zeit geschlechtsreifer Steppenlemminge meist problemlos funktioniert (Vorsicht – auch hier gibt es Ausnahmen!), kann es bei der Vergesellschaftung erwachsener Lemminge zu wilden Beißereien kommen. In der Natur kann das unterlegene Tier in einem solchen Moment die Flucht ergreifen, in Menschenobhut dagegen ist es den Angriffen wehrlos ausgesetzt. Dabei sind schwere Verletzungen, ja sogar der Tod des unterlegenen Nagers möglich.

Deshalb sollte man beim Zusammensetzen von Steppenlemmingen äußerste Vorsicht walten lassen! Niemals darf man das neue Tier einfach in das Gehege des anderen Lemmings setzen. Dieser würde sofort sein Revier verteidigen und den Eindringling jagen und beißen. Das erste Zusammentreffen sollte daher immer auf „neutralem Boden" stattfinden. Bewährt haben sich hierfür kleine Plastik-Terrarien (z. B. „Fauna-Boxen"), die im Zoofachhandel erworben werden können. Sie können nicht nur als Vergesellschaftungskäfig, sondern auch als Transportbox genutzt werden.

Beobachten Sie die Tiere bei ihrem ersten Zusammentreffen genau! Fallen die beiden Lemminge übereinander her oder kommt es zu heftigen Verfolgungsjagden, bei denen der unterlegene Steppenlemming versucht zu fliehen, müssen die Tiere sofort getrennt werden. Um sich selber vor Verletzungen zu schützen, sollte man aus diesem Grund bei jedem Vergesellschaftungsversuch Lederhandschuhe bereitliegen haben, denn Lemminge können heftig beißen und unterscheiden im „Eifer des Gefechts" nicht zwischen Freund und Feind.

Mussten Sie das erste Zusammentreffen aufgrund von Aggressionen unterbrechen, hilft oftmals die Trenngittermethode. Hierbei werden die Tiere in ein Gehege gesetzt,

Bei der Vergesellschaftung fremder Tiere ist Vorsicht geboten!
Foto: C. Ehrlich

Der Kauf

Harmlose Rangelei zwischen zwei Lemmingen
Foto: M. Höhle

Am besten kauft man junge Lemminge.
Foto: M. Höhle

das in der Mitte durch ein Gitter geteilt ist. Durch dieses Gitter können sie sich zwar sehen und riechen, aber nicht verletzen. Nun werden die Lemminge mehrmals täglich in die jeweils andere Gehegehälfte gesetzt, ohne dass diese gereinigt würde. Auf diese Weise können sie sich an den Geruch des anderen Tieres gewöhnen. Nach einigen Tagen oder Wochen, je nach Verhalten der Tiere, kann das Gitter entfernt werden. Dies sollte erst geschehen, wenn sich die Tiere am Trenngitter begegnen, ohne aggressives Verhalten zu zeigen. Jetzt gilt es, darauf zu achten, ob sich die Tiere bekämpfen. Sollte dies der Fall sein, muss das Gitter sofort wieder eingesetzt und die Zusammenführung zu einem späteren Zeitpunkt erneut versucht werden. Wichtig bei dieser Methode ist es, das Gitter nicht zu großmaschig zu wählen, da sich die Tiere sonst durch die Zwischenräume verletzen können. Leider bietet auch diese Methode keine Garantie – es wird immer wieder Steppenlemminge geben, die sich nicht vergesellschaften lassen.

Wollen Sie eine größere Gruppe Steppenlemminge halten, so empfiehlt es sich, sie als Jungtiere zu erwerben und dann zeitgleich in ihr neues Gehege einzusetzen. Durch die Vielzahl an neuen Reizen bleiben Aggressionen meist aus. Sollte es dennoch zu aggressivem Verhalten während der Festlegung der Hierarchie kommen, entlädt es sich nicht an einem Tier, sondern verteilt sich auf mehrere, sodass kaum ernsthafte Folgen zu befürchten sind.

In eine bestehende Gruppe sollten Tiere jedoch nur im Notfall integriert werden, da hier die Wahrscheinlichkeit sehr groß ist, dass der „Eindringling" von der gesamten Gruppe bekämpft wird. In solchen Fällen hilft dann meist auch die Trenngittermethode kaum, sodass auf eine Vergesellschaftung generell verzichtet werden sollte.

Der Kauf

Seit die Beliebtheit der Steppenlemminge als Heimtiere immer weiter steigt, wird auch der Zoofachhandel auf die kleinen Nager aufmerksam. Zwar ist das Angebot dort nicht flächendeckend, aber zumindest Geschäfte, die exotische Kleinsäuger in ihrem Programm haben, bieten ihren Kunden Steppenlemminge regelmäßig an oder können sie auf Wunsch besorgen.

Am besten kauft man die Tiere aber direkt beim Züchter. Neben einer ausführlichen und sachkundigen Beratung kann man sich dort nämlich die bisherigen Haltungsbedingungen der Steppenlemminge anschauen und dabei so manchen Tipp für zu Hause erhalten. Der Nachteil ist, dass man manchmal einen weiteren Anfahrtsweg in Kauf nehmen muss. Kontakt zu Züchtern erhält man über Kleinanzeigen in Fachzeitschriften wie der RODENTIA (siehe „Adressen") oder über das Internet.

Eine weitere Kontaktmöglichkeit sind die inzwischen bundesweit stattfindenden Tierbörsen. Meist

DER KAUF

Steppenlemminge aus guter Haltung haben ein sauberes Fell ...
Foto: C. Ehrlich

... und glänzende Augen
Foto: C. Ehrlich

handelt es sich dabei um Terrarienbörsen, auf denen auch exotische Kleinsäuger angeboten werden. Es gibt aber auch Spezialbörsen für exotische Säugetiere. Hier haben Sie die Möglichkeit, mit Gleichgesinnten in Kontakt zu kommen, Erfahrungen und Tipps auszutauschen und nicht nur die Steppenlemminge, sondern auch artgerechtes Zubehör zu erwerben. Terminhinweise für solche Börsen finden sich in Fachzeitschriften (siehe „Adressen").

Bei der Auswahl Ihrer Steppenlemminge sollten sie auf den Gesundheitszustand der Tiere achten. Hier hilft oftmals schon der erste Eindruck der Verkaufs- bzw. der bisherigen Haltungsanlage. Ist diese unsauber und die Einstreu riecht bereits muffig, sollten Sie von einem Kauf Abstand nehmen. Sind die Tiere ausreichend mit frischem Futter und Wasser versorgt? Lassen Sie sich auch vom Verkäufer beraten. Sowohl seriöse Zoofachhändler als auch ernsthafte Züchter werden Ihnen ihre Fragen gerne und ausführlich beantworten. Achten Sie darauf, wie der Verkäufer mit den Tieren umgeht. Stresst er die Lemminge, indem er ständig in das Gehege fasst, um sie zu präsentieren, oder lässt er sie weitestgehend in Ruhe? Gestresste Tiere sind besonders krankheitsanfällig.

Als nächstes sollten Sie die in Frage kommenden Tiere aus einiger Entfernung betrachten. Sind sie lebhaft, oder laufen sie verstört umher bzw. liegen apathisch herum? Beachten Sie dabei die jeweilige Tageszeit. So ist es für gesunde Steppenlemminge durchaus normal, dass sie tagsüber hauptsächlich schlafen. Haben Sie einen Lemming in die engere Auswahl genommen, sollten Sie ihn nun aus der Nähe betrachten. Bei einem gesunden Tier müssen die Augen und das Fell glänzen, die Afterregion ist trocken und nicht mit Kot ver-

In einem Plastikterrarium können Steppenlemminge bequem und sicher transportiert werden. Foto: R. Sistermann

schmiert. Der Lemming darf auch nicht so dünn sein, dass die Knochen deutlich hervorstehen, da es sich sonst entweder um ein erkranktes oder ein sehr altes Tier handelt. Ein weiterer Hinweis auf ein hohes Alter oder eine Erkrankung bzw. Parasiten sind Felllücken.

Erfragen Sie das Alter des von Ihnen ausgewählten Tieres. Erwerben Sie kein Exemplar unter sechs Wochen, da hier die Sozialisation noch nicht abgeschlossen ist, was zu Problemen beim Umgang mit anderen Steppenlemmingen führen kann. Schlimmstenfalls entwickelt sich ein solches Tier zu einem Einzelgänger, der sich mit keinem anderen Lemming vergesellschaften lässt. Da Lemminge selten älter als zwei Jahre werden, sollten Sie auch kein zu altes Tier erwerben, da Sie dann nur sehr kurze Zeit Freude an ihrem neuen Hausgenossen hätten.

Nehmen Sie den Steppenlemming vorsichtig in die Hand. Im Normalfall wird er versuchen, sich diesem Zugriff durch Flucht zu entziehen. Bleibt er jedoch stehen und versucht Sie zu beißen, sollten Sie dieses Tier nicht erwerben, da es diese Bissigkeit wahrscheinlich nie ablegen wird. Beachten Sie dabei, dass die Bisse eines Lemmings trotz seiner geringen Größe sehr schmerzhaft sein können. Ein schreckhaftes Wegziehen der Hand kann einen Sturz des Lemmings zur Folge haben und zu schweren Verletzungen führen. Und denken Sie stets daran – *ein* Lemming ist *kein* Lemming. Erwerben Sie immer mindestens zwei Tiere.

Der Heimtransport der frisch erstandenen Lemminge erfolgt entweder in einer speziellen Transportbox (z. B. „Fauna-Box") oder in einer mit Luftlöchern versehenen Transportschachtel aus Pappe. Vor allem für längere Strecken ist die Plastikbox der Pappschachtel vorzuziehen, da die Lemminge innerhalb kurzer Zeit die Luftlöcher der Schachtel so erweitern können, dass sie entkommen können. Zwar muss die Plastikbox meist extra bezahlt werden, sie kann aber bei anstehenden Vergesellschaftungsversuchen oder Tierarztbesuchen gute Dienste leisten.

Zu Hause angekommen, brauchen die Steppenlemminge erst einmal Ruhe, um sich in ihrer neuen Umgebung einzurichten. Laute Musik, Lärm oder Geschrei sollte in dieser Zeit unbedingt vermieden werden! Seien Sie geduldig und gönnen Sie Ihren neuen Mitbewohnern mindestens einen Tag, um die neue Situation zu erkunden und ihr Gehege in Besitz zu nehmen. Außer der täglichen Wasser- und Futtergabe sollten Sie in dieser Zeit nicht im Lemminggehege hantieren.

> **Tipp:** Um Ihren Steppenlemmingen die Eingewöhnung zu erleichtern, empfiehlt es sich, etwas Einstreu aus dem alten Gehege mitzunehmen und in die neue Unterkunft zu geben. Außerdem ist es ratsam, auch ein wenig von dem bisherigen Futter mitzunehmen und die Tiere gegebenenfalls langsam auf neue Nahrung umzustellen.

Unterbringung und Zubehör

Die Unterbringung von Steppenlemmingen ist gar nicht so einfach, wie mancher vielleicht glauben mag, denn Lemminge sind Wühler und sehr aktiv, brauchen also einen tiefen Bodengrund und viele Beschäftigungsmöglichkeiten in ihrem Gehege. Diese Notwendigkeiten schränken den Halter natürlich auch bei der Wahl des passenden Geheges ein …

Wahl des Geheges

Die Wahl des artgerechten Geheges ist ganz entscheidend für die Lebensqualität Ihrer Steppenlemminge, da sie hier ihr ganzes Leben verbringen werden. Dabei gibt es für die Größe des Geheges nach oben kaum eine Grenze, entscheidend sind vielmehr Ihre persönlichen räumlichen Möglichkeiten. Je größer die Gruppe ist, die Sie in einem Gehege halten wollen, umso größer muss auch diese Anlage sein. Vorsicht ist lediglich geboten, wenn Sie mehrere Männchen in einer Gruppen halten, da es hier passieren kann, dass bei einem zu großen Gehege die Gruppe auseinanderfällt und jedes Männchen sein eigenes Revier markiert. Die Folge sind teilweise heftige Kämpfe, die letztlich zur Trennung der Gruppe führen, wenn Sie Verluste vermeiden wollen.

Steppenlemminge sind äußerst agil und bewegungsfreudig. Daher muss ein Gehege ihnen ausreichend Platz bieten, ihren Bewegungsdrang auszuleben, und über eine entsprechende Grundfläche verfügen. Aber auch nach unten muss genügend Raum vorhanden sein, damit die Tiere ihren natürlichen Trieb ausleben können, Gänge und Höhlen zu graben. Deshalb sollte beim Kauf eines Geheges darauf geachtet werden, dass eine ausreichend dicke Schicht Einstreu eingebracht werden kann. Die Mindestgröße für ein Steppenlemming-Gehege ist deshalb 80 x 40 x 40 cm (L x T x H).

Im Zoofachhandel werden verschiedene Gehegetypen für die Haltung von Kleinsäugern angeboten, neben Aquarien bzw. Terrarien haben Sie die Wahl zwischen Plastik- und Gitterkäfigen. Die Auswahl des Geheges hängt auch von Ihren persönlichen Vorlieben ab, dabei sollten Sie jedoch stets das Wohl der Tiere im Auge haben.

Gitterkäfige sind für Lemminge eher ungeeignet. Sie besitzen meist keine ausreichend tiefe Bodenwanne, sodass kaum genügend Einstreu eingebracht werden kann. Steppenlemminge brauchen für die Anlage ihrer Gänge und Höhlen aber ausreichend Substrat sowie Heu und anderes Nistmaterial. Ist die Bodenwanne des Käfigs zu flach, wird zudem bei Grabtätigkeiten der Lemminge Material aus dem Käfig herausgeworfen, was zu einer nicht unerheblichen Verunreinigung der Gehegeumgebung führt. Dies verursacht einen erhöhten Reinigungsaufwand, und der ist selten mit Freude für den Halter verbunden.

Problematisch kann auch die Kunststoffwanne des Käfigs selber werden, da die Steppenlemminge, wenn sie einmal einen Ansatzpunkt gefunden haben, diese durch Nagen beschädigen können. Die dabei anfallenden Kunststoffspäne können von den Lemmingen verschluckt werden, was unter Umständen zu Vergiftungserscheinungen oder Darmverschlüssen führt. Gelingt es den Lemmingen, ein Loch in die Bodenwanne zu nagen, könnten sie auf diese Weise auch aus dem Gehege entkommen.

Ein nicht unerheblicher Nachteil eines Gitterkäfigs ist der Abstand der Gitterstäbe. Da es für Steppenlemminge bisher keine speziell angefertigten Käfige gibt, muss man auf Modelle für Zwerghamster zurückgreifen. Diese haben einen Gitterabstand von bis zu 0,7 cm. Für einen Zwerghamster reicht dieser Abstand aus, aber ein Steppenlemming kann sich mühelos hindurchzwängen. Achten Sie deshalb darauf, dass der Gitterabstand maximal 0,5 cm beträgt, auch an den Öffnungsklappen, da hier die Stäbe meist weiter auseinander stehen.

Tipp: Als Faustregel für den Gitterabstand gilt: Wo der Kopf des Steppenlemmings durchpasst, passt auch der Körper hindurch. Steppenlemminge können sich sehr flach machen!

Für Störungen kann die Angewohnheit der Steppenlemminge sorgen, am Gitter zu nagen. Die dabei – meist nachts – entstehende Geräuschbelästigung sollte nicht unterschätzt werden. Wenn Sie sich für einen Gitterkäfig entscheiden, wählen Sie einen Käfig aus, dessen Stäbe nicht lackiert sind. Der Lack kann ansonsten von den Lemmingen abgenagt und aufgenommen werden, was zu gesundheitlichen Störungen führen kann.

Vorteilhaft ist, dass viele Gitterkäfige mit zusätzlichen Etagen angeboten werden. Diese vergrößern die den Tieren zur Verfügung stehende Grundfläche und eröffnen einzelnen Exemplaren Rückzugsmöglichkeiten. Wichtig ist, dass die Etagen

Spezielle Nagerterrarien sind für die Unterbringung von Lemmingen bestens geeignet.
Foto: C. Ehrlich

Ein Aquarium lässt sich leicht in ein artgerechtes Lemmingheim verwandeln. Foto: C. Ehrlich

Dies führt zu erhöhtem Stress für die Tiere, da sie sich von oben nähernde Objekte oft als Beutegreifer (Greifvögel etc.) ansehen.

Glasaquarien stellen eine gute Möglichkeit dar, Steppenlemminge tiergerecht unterzubringen. Ein großer Vorteil ist die hohe Schicht Einstreu, die problemlos in das Aquarium eingebracht werden kann und den Steppenlemmingen erlaubt, ausgiebig zu graben. Bei der Pflege von Steppenlemmingen in Aquarien ist zu bedenken, dass sie sehr gut springen können, weshalb es notwenig ist, das Becken mit einer Abdeckung zu versehen, um ein Entweichen der Tiere zu verhindern. Die Abdeckung muss luftdurchlässig sein. Empfehlenswert sind Abdeckungen aus Gitter, damit die Durchlüftung des Aquariums gewährleistet bleibt. Fertige Abdeckungen aus Aluminiumgitter sind im Zoofachhandel zu bekommen, mit ein wenig handwerklichem Geschick kann man diese aber auch selber herstellen.

Die Durchlüftung von Glasaquarien wird häufig kontrovers diskutiert. Immer wieder wird die angeblich mangelnde Belüftung der Glasbecken als gesundheitsschädlich für die darin gehaltenen Tiere angeführt. Tatsächlich tritt eine Gesundheitsschädigung durch Kohlendioxid (das Abfallprodukt der Atmung) und Ammoniak (aus dem Urin) nur dann auf, wenn die Besatzdichte im Gehege zu hoch ist oder das Gehege zu selten ausgemistet wird. Im Normalfall reicht hingegen die Durchlüftung durch die Öffnung des Glasaquariums völlig aus.

Ein echter Nachteil ist hingegen das im Vergleich zu Gitter- und Plastikkäfig deutlich höhere Gewicht. Dieses gilt es im Vorfeld zu beachten, denn nicht jedes Möbelstück kann dieses Gewicht tragen. Auch der Transport eines Glasaquariums ist

nicht aus Gitter bestehen, sondern durchgehend sind, damit die Lemminge darauf ohne Probleme laufen und Sie Einstreu auf den Etagen auslegen können. Zwar sind Lemminge keine großen Kletterer, in den Käfig eingebrachte Etagen werden aber meist gerne angenommen.

Plastikkäfige haben sich als Gehege für Steppenlemminge dagegen durchaus bewährt. Sie bieten die Möglichkeit, eine ausreichende Menge Einstreu einzubringen. Gleichzeitig verhindern sie, dass Einstreu aus dem Gehege herausfällt und die Umgebung verschmutzt. Häufig bieten Plastikkäfige Steppenlemmingen jedoch Angriffspunkte zum Knabbern. Haben die Nager erst einmal damit begonnen, die Plastikwände anzuknabbern, hören sie nicht mehr damit auf, was zu ernsthaften Schäden am Käfig führen kann. Möglicherweise können die Steppenlemminge sogar durch ein derart angefertigtes Loch entweichen. Auch die Gesundheitsgefährdung durch das Verschlucken von Kunststoffsplittern sollte nicht außer Acht gelassen werden.

Ein nicht unerheblicher Nachteil der Plastikkäfige ist die verminderte Sicht auf die darin gehaltenen Tiere. Meist erlaubt die Bauweise dieser Käfige lediglich einen Blick von oben in das Gehege.

Die Einrichtung

Handelsübliche Kleintierstreu ist für Steppenlemminge ein adäquates Substrat.
Foto: R. Sistermann

Ein Gemisch aus Kleintierstreu und Heu gibt den Lemmingen die Möglichkeit, umfangreiche Gangsysteme anzulegen.
Foto: C. Ehrlich

ab einer bestimmten Größe nicht ganz einfach und bedarf eines Helfers.

Ein **Terrarium** bringt ebenfalls ein nicht unerhebliches Gewicht mit sich. Außerdem ist die Belüftung bei Terrarien deutlich schwieriger zu realisieren als bei Glasaquarien. Bei den für die Haltung von Reptilien verwendeten Terrarien herkömmlicher Bauart sind die Lüftungsgitter üblicherweise vorn unten und hinten oben angebracht. Die vordere Lüftung wird allerdings schnell von den wühlenden Steppenlemmingen verschüttet. Dabei fällt nicht nur Einstreu aus dem Terrarium heraus, auch die Lüftung kommt in diesem Fall zum Stocken. Zudem werden durch die Einstreu die Führungsprofile der Schiebescheiben des Terrariums zugesetzt, sodass diese sich schwerer öffnen lassen. Nachteilig ist auch die geringe Einstreuhöhe, die in ein herkömmliches Terrarium eingebracht werden kann.

Deutlich besser geeignet sind deshalb spezielle Nagerterrarien. Sie haben einen breiten Glassteg, der hinter den Schiebescheiben angebracht ist und verhindert, dass Einstreu aus dem Terrarium herausfällt bzw. die Führungsprofile der Schiebescheiben zusetzt. Die effiziente Belüftung wird bei Kleinsäugerterrarien durch rechts und links neben den Schiebescheiben angebrachte Lüftungsgitter sichergestellt.

Ein tiergerechtes Gehege für Steppenlemminge kann natürlich mit ein wenig Heimwerkergeschick auch selber erstellt werden. Geeignete Baustoffe sind z. B. beschichtete Spanplatten, die von den Steppenlemmingen nicht angenagt werden können. Anleitungen für den Bau eines solchen Geheges findet man in Fachzeitschriften (siehe „Adressen") oder im Internet. Auch der Besuch bei erfahrenen Haltern und Züchtern bietet Inspiration für den Gehegebau.

Die Einrichtung

Bei der Einrichtung eines Steppenlemming-Geheges sollten Sie immer daran denken, dass diese Tiere zu den Wühlmäusen gehören. In ihrem natürlichen Biotop legen sie umfangreiche Baue an, die aus einer Vielzahl an Gängen und mehreren Höhlen bestehen. Diese Baue können eine Tiefe von bis zu 90 cm erreichen. In ihnen verbringen die Steppenlemminge einen großen Teil ihres Lebens. Zusätzlich graben sie noch Fluchtröhren, die ohne Verzweigung ca. 20 cm tief in die Erde führen und als Versteckmöglichkeit vor Fressfeinden genutzt werden (siehe „Der Steppenlemming im natürlichen Lebensraum").

Ihr natürliches Bedürfnisse, Gänge und Höhlen anzulegen, können die Steppenlemminge nur bei einer ausreichend dicken Schicht Einstreu ausleben. Die Mindesthöhe des Substrats beträgt 15 cm, größere Mengen Einstreu sind dabei natürlich besser. Für die **Einstreu** kann man auf die im Zoofachhandel angebotene Kleintierstreu (Hobelspäne) zurückgreifen. Es ist relativ leicht, kostengünstig und kann kompostiert werden. Nachteilig ist, dass die von den Steppenlemmingen darin angelegten Gänge nicht

Die Einrichtung

Abwechslungsreich eingerichtetes Gehege für Steppenlemminge Foto: C. Ehrlich

Eine Korkrindenröhre bietet den Lemmingen einen optisch ansprechenden Unterschlupf. Foto: C. Ehrlich

sehr stabil sind. Die Stabilität kann jedoch durch die Beimischung von Heu unter die Hobelspäne verbessert werden. Die Hobelspäne sollten möglichst staubfrei sein (Hinweise auf der Packung beachten oder z. B. Einstreu für sensible Pferde nutzen).

Ungeeignet dagegen ist die ebenfalls im Zoofachhandel angebotene Hanfeinstreu, da sie keinerlei Stabilität für das von den Lemmingen angelegte Röhrensystemen bietet. Dafür ist sie im Gegensatz zu herkömmlicher Streu völlig staubfrei. Auch Strohpellets und Buchenholzgranulat sind als alleinige Einstreu für Steppenlemminge nicht geeignet. Man kann sie jedoch unter die Hobelspäne mischen. Auf diese Weise lässt sich experimentell herausfinden, welche Mischung die Bedürfnisse der Lemminge am besten erfüllt.

Wer sein Lemminggehege möglichst naturnah einrichten möchte, kann auf ein Gemisch aus Sand und Torf zurückgreifen. Wird dieses leicht angefeuchtet, bleiben die darin angelegten Gänge stabil. Allerdings sollte man es mit der Feuchtigkeit nicht zu sehr übertreiben, da es ansonsten zu Staunässe und Schimmelbildung kommen kann. Auch Rindenmulch ist als Einstreu geeignet. Die größeren Rindenstücke bieten zudem einen guten Anreiz für die Nagezähne der Steppenlemminge. Durch das Untermischen von Torf oder ungedüngter (!) Blumenerde kann den Lemmingen das Anlegen von Gängen und Höhlen erleichtert werden. Auch hier sollte Sie darauf achten, dass die Einstreu stets leicht feucht ist, da ansonsten die Gänge instabil werden und die Staubbelastung sehr hoch ist. Ideal zum Anfeuchten der Einstreu sind Blumenspritzen, da sie einen feinen Wasserstrahl abgeben und die Einstreu auf diese Weise nicht völlig durchnässt wird, wie es z. B. beim Anfeuchten mit einer Gießkanne vorkommt.

Wenn Sie Angst vor Schimmelpilzen oder anderen Krankheitserregern in normaler Blumenerde oder Torf haben, stellen die in der Terraristik verwendeten Kokosziegel eine gute Alternative dar. Sie werden in getrockneter, kompakt gepresster Form verkauft und ergeben nach der Zugabe von Wasser eine größere Menge Einstreu.

Neuerdings wird vom Zoofachhandel eine Kleintierstreu auf Baumwollbasis angeboten. Diese ist absolut staubfrei und erlaubt das stabile Anlegen von Gängen. Zusätzlich bindet sie aufkommende Gerüche äußerst effektiv. Leider ist sie deutlich teurer als herkömmliche Kleintierstreu, aufgrund ihrer Qualitäten bietet sie jedoch eine Alternative.

Vorsicht: Katzeneinstreu ist keine geeignete Einstreu für Steppenlemminge! Sie kann von den Tieren aufgenommen werden und Darmverschlüsse verursachen. Hobelspäne von Nadelhölzern sind wegen des Harzes und ihres starken Aromas als Einstreu ebenfalls ungeeignet.

Laufräder werden von den meisten Lemmingen gerne angenommen.
Foto: R. Sistermann

Zum Auspolstern ihrer Nester benötigen Steppenlemminge geeignetes Nistmaterial. Gerne wird hierfür Heu verwendet, das von den Tieren auch als „Snack" genutzt werden kann. Erwerben kann man das Heu sowohl im Handel als auch bei in der Nähe wohnenden Landwirten. Achten Sie beim Kauf darauf, dass das Heu frisch riecht. Muffiges Heu ist meist schon einmal nass geworden und birgt die Gefahr von Schimmelpilzinfektionen. Leider kommt es auch bei im Fachhandel gekauftem Heu vor, dass Teile von Plastiktüten, Schrauben oder Ähnliches im Heu enthalten sind. Deshalb sollte das Heu vor dem Einbringen in das Lemminggehege stets nach solchen unerwünschten „Einschlüssen" durchsucht werden. Schauen Sie dabei auch nach für die Tiere giftigen Pflanzen (siehe „Vorsicht Gift!").

Toiletten- und/oder Küchenpapier sind ebenfalls gute Nistmaterialien, sofern sie ungefärbt sind. Hingegen hat Hamsterwatte in einem Gehege mit Steppenlemmingen nichts zu suchen, da es hier zum Abschnüren von Gliedmaßen kommen kann.

Einen **Unterschlupf** brauchen Steppenlemminge nicht, wenn sie über ausreichend Einstreu verfügen. Es ist also eher eine persönliche Einstellung, ob man den Tieren einen Unterschlupf anbietet. Das Sortiment im Zoofachhandel ist auf diesem Segment nahezu unerschöpflich. Sollten Sie sich entscheiden, Ihren Lemmingen eine Versteckmöglichkeit anzubieten, wählen Sie ein Häuschen aus Keramik oder Holz. Zwar werden auch Nagerhäuschen aus Plastik angeboten, diese können aber durch die Nagezähne der Lemminge zerstört werden, wobei scharfkantige Splitter entstehen, die unverdaulich sind und zu Darmverletzungen führen können. Diese Gefahr besteht bei Häuschen aus Holz nicht, an ihnen können die Lemminge ihrer Nagezähne ohne Gefahr ausprobieren. Der Vorteil von Keramikhäuschen, vor allem wenn sie glasiert sind, ist die leichte Reinigung. Sie sind dann aber nicht atmungsaktiv, was zur Ausbildung von Schwitzwasser führen kann – im Gegensatz zu nicht glasierten Häuschen oder Blumentöpfen (Vorsicht: Öffnungen müssen groß genug sein, damit die Lemminge nicht stecken bleiben!).

Einige der im Handel angebotenen Nagerhäuschen besitzen einen Boden. Im praktischen Einsatz zeigt sich schnell der Nachteil des Bodens: Da Urin und Kot von den Steppenlemmingen einfach darauf abgegeben werden und der Boden den Urin nicht absorbiert, entstehen auf Dauer hygienische Probleme, vor allem, wenn die Steppenlemminge zusätzlich noch Futter in ihren Unterschlupf eintragen.

Unterschlüpfe aus Steinaufbauten müssen so abgesichert werden, dass sie nicht zusammenfallen

Zweige werden von den Steppenlemmingen gerne benagt und tragen so zur Beschäftigung bei. Foto: C. Ehrlich

oder untergraben werden können. Weiterhin können Korkröhren oder Korkstücke als Versteckmöglichkeit genutzt werden.

Häuschen mit Flachdächern sollte man gegenüber solchen mit Spitzdach den Vorzug geben, da das Flachdach von den Lemmingen als Klettermöglichkeit genutzt werden kann.

Maßnahmen gegen Langeweile

Die Einrichtung des Steppenlemmingheims sollte so abwechslungsreich wie möglich gestaltet werden, damit die Bewohner keinerlei Langeweile verspüren. Neben einer abwechslungsreichen Fütterung, die bei entsprechendem Einsatz ebenfalls der Beschäftigung dient, kann man durch die Gestaltung des Geheges für reichlich Abwechslung sorgen.

Ein interessantes und abwechslungsreiches Gehege kann das Auftreten von Stereotypien bei den Steppenlemmingen vermeiden. Solche Störungen des normalen Verhaltens der Tiere können sich z. B. im dauerhaften Hochspringen an die Gehegedecke oder dem permanenten Scharren in den Ecken äußern. Auch das ständige Hin- und Herlaufen an den Gehegeseiten oder das Schlagen von Rückwärtssaltos sind ein Zeichen für die meist durch Langeweile verursachten Verhaltensstörungen.

Eine der einfachsten Beschäftigungsmöglichkeiten ist die Gabe einer Schicht Heu über die normale Einstreu. Die Steppenlemminge werden sofort nach dem Einbringen damit beginnen, das Heu in ihre Wohnhöhlen einzutragen und diese auszupolstern. Auch als „Snack" für zwischendurch wird das Heu gerne genommen und sorgt so für Beschäftigung. Auch Zellstoff (z. B. ungefärbtes Toilettenpapier) wird gerne zerfasert und in die Einstreu eingearbeitet.

Das Einbringen von Ästen in die Einstreu bringt nicht nur mehr Stabilität für die von den Lemmingen gegrabenen Gänge, die Äste werden auch gerne von den Lemmingen benagt. Um Vergiftungen zu vermeiden, dürfen nur ungespritzten Äste von Obstbäumen, Weide, Birke und Haselnuss verwendet werden. Auch Moos oder Blätter sorgen für Abwechslung im Lemmingleben. Sie werden von den Steppenlemmingen durchwühlt, wobei die kleinen Nager auch die darin enthaltenen Wirbellosen fressen. Das Moos selbst wird ebenfalls von vielen Steppenlemmingen gerne verzehrt. Leider besteht bei der Gabe von Blättern oder Moos die Gefahr, dass Krankheitserreger in das Lemminggehege ein-

Auch mit Grünfutter kann man Lemminge beschäftigen.
Foto: C. Ehrlich

Ein abwechslungsreich gestaltetes Gehege verhindert Langeweile. Foto: C. Ehrlich

geschleppt werden. Als Vorsichtsmaßnahme kann man das Material zunächst einfrieren, dabei werden aber die Wirbellosen abgetötet, sodass die Beschäftigungsmöglichkeiten für die Lemminge etwas geringer sind. Meist reicht es auch aus, beim Sammeln im Wald darauf zu achten, dass Blätter und Moos nicht mit Kot wild lebender Tiere verunreinigt sind.

Vorsicht: Äste von Buche, Eiche, Eibe, Esche, Holunder, Kastanie und Robinie enthalten Giftstoffe, die den Lemmingen schaden können. Ebenso ungeeignet sind Nadelhölzer, und zwar aufgrund der in ihnen enthaltenen Harze.

Wurzeln, Steine oder Rindenstücke tragen nicht nur zur natürlicheren Optik des Steppenlemmingheims bei, sie sind auch ideal, um den Tieren ausreichende Anreize für die Beschäftigung zu bieten. Steine und Wurzeln müssen auf dem Boden des Geheges stehen, da sie sonst von den Steppenlemmingen untergraben werden können. Dies führt schlimmstenfalls dazu, dass die Lemminge von herabstürzenden Steinen erschlagen oder eingeklemmt werden. Der Zoofachhandel bietet Steine und Wurzeln inzwischen bereits als Zubehör an. Man kann aber auch selber in der Natur auf Suche gehen, um verschiedene Beschäftigungsmöglichkeiten für die Lemminge zu finden. Auf diese Weise bekommt auch der Halter selbst frische Luft und Bewegung ...

Einige Punkte sollte man jedoch unbedingt beachten: Insbesondere im Frühjahr muss beim Durchstreifen des Waldes auf Nester oder Baue von Wildtieren Rücksicht genommen werden, um sie nicht versehentlich zu zerstören. Generell sollte man sich möglichst vorsichtig bewegen, um keine Schneise der Verwüstung zu hinterlassen. Außerdem sei darauf hingewiesen, dass man beim Sammeln größerer Mengen an Ästen oder Wurzeln im Vorfeld die Zustimmung des zuständigen Försters einholen sollte.

Tipp: Wenn Sie ab und zu die Gehegegestaltung variieren, ist auch dies ein Stück mehr Beschäftigung für die Lemminge!

Haften Tierkot oder Pilze an Wurzeln oder Ästen, sollte darauf verzichtet werden, diese mitzunehmen, da sonst die Gefahr besteht, dass man sich eine Krankheit einschleppt. Dies gilt auch für Rindenstücke, an denen bereits Schimmel sitzt. Zu Hause angekommen, sollten die gesammelten Gegenstände gereinigt und anschließend mit kochendem Wasser übergossen werden, um eventuell anhaftende Krankheitserreger abzutöten. Wurzeln und Rindenstücke kann man alternativ auch für etwa 15 Minuten in den etwa 120 °C heißen Backofen legen.

Einige Halter ziehen Etagen in das Gehege ein, um den Raum besser zu nutzen und den Lemmingen eine größere Grundfläche zu bieten. Während Zwerghamster diese Plattformen meist gerne annehmen, ist die Akzeptanz bei Steppenlemmingen sehr unterschiedlich. Da Lemminge kaum klettern, gibt es einige Exemplare, die eine solche Etage niemals betreten, anderen Tieren scheint es sichtlich Spaß zu machen, sie zu erkunden.

Laufräder sind eine gute Möglichkeit, den Lemmingen ausreichend Bewegung zu verschaffen. Die Diskussion um den Sinn von Laufrädern ist fast so alt wie diese selber. Befürworter sehen den Vorteil, dass ein Laufrad die Möglichkeit bietet, sich „auszutoben", was wesentlich zur körperlichen Fitness beiträgt. Gegner führen das Entstehen von Stereotypien durch die Benutzung von Laufrädern als Nachteil an. Zumindest beim Goldhamster haben wissenschaftliche Untersuchungen gezeigt, dass Laufräder entgegen der landläufigen Meinung sogar helfen, Stereotypien zu vermeiden (LEITHOLD 2003). Zwar gibt es zum jetzigen Zeitpunkt keinerlei Forschung über die Vor- und Nachteile für Laufräder bei Lemmingen, aber es spricht einiges dafür, dass die Ergebnisse der genannten Studien auf diese übertragen werden können. Wenn man sich für ein Laufrad entscheidet, sollte es jedoch tiergerecht sein. Metalllaufräder, bei denen die Tiere auf Gitterstäben laufen müssen, sind verletzungsträchtig und absolut ungeeignet. Dies gilt auch für Kunststofflaufräder mit gleichem Aufbau. Die Steppenlemminge können während des Laufens zwischen die Gitterstreben geraten, was eingeklemmte Füße oder Beinbrüche zur Folge haben kann. Und billige Kunststoffräder werden zudem sehr schnell von den Lemmingen angeknabbert. Es gibt Metalllaufräder, deren Lauffläche mit einem Juteband versehen ist, da hier keinerlei Gefahr besteht, dass die Lemminge sich ihre Füße einklemmen. Bei diesen meist hinten offenen Rädern besteht aber durch die Konstruktion ein Schereneffekt, der zum Einklemmen von Kopf oder Gliedmaßen führen kann. Ideal sind hingegen Laufräder aus Hartplastik, die eine geschlossen Lauffläche und eine ebenfalls geschlossene Rückseite aufweisen. Mit einem an der Rückseite anzubringenden Gestell können sie auch in einem Aquarium oder Terrarium aufgestellt werden. Einige Anbieter bieten ihre Laufräder auch mit Saugnäpfen an, sodass das Montieren in einem Aquarium und/oder Terrarium problemlos funktioniert. Wichtig ist auch die Größe eines Laufrades: 18 cm Durchmesser sollten nicht unterschritten werden, damit die Lemminge ohne gekrümmte Wirbelsäule in dem Rad laufen können.

Beim Aufstellen eines Laufrades muss man beachten, dass die Steppenlemminge es nicht umwerfen können. Sollte das Eigengewicht des Rades nicht ausreichen, kann man es auch von der Decke hängend anbringen. Dem regelmäßig auftretenden Quietschen begegnet man mit ein paar Tropfen Speiseöl.

Gut geeignet für die Beschäftigung von Steppenlemmingen sind auch die Papprollen von Toiletten- und Küchenpapier sowie Eierkartons. Mit großer Freude werden diese von Lemmingen benagt oder als Unterschlupf verwendet.

Leider werden im Zoofachhandel teilweise auch vollkommen ungeeignete „Spielzeuge" angeboten. Laufkugeln, bunte Plastikröhren und so genannte „Food-Balls", kleine Gitterbälle, die mit Futter gefüllt ins Gehege gehängt werden, sind nicht nur unnötig, sondern für die Steppenlemminge sogar gefährlich. Um ihren Tieren solche Dinge zu ersparen, sollten Sie fragwürdig erscheinendes Zubehör genau unter die Lupe nehmen und gegebenenfalls auf den Kauf verzichten. Denn auch ohne solche Gegenstände gibt es vielfältige Möglichkeiten, Ihren Steppenlemmingen das Leben abwechslungsreich zu gestalten.

> **Vorsicht:** Zubehör wie Laufkugeln und Plastikröhren gefährden die Gesundheit Ihrer Steppenlemminge und gehören nicht in deren Gehege!

AUSBRUCHSKÜNSTLER

Bei aller Vorsicht kann es doch einmal passieren, dass einer Ihrer Steppenlemminge aus seinem Gehege ausbricht, zumal Lemminge sich selbst durch winzige Spalten und Löcher zwängen können. Zudem vermögen sie recht hoch zu springen. Stellen Sie also bei der Wahl des Geheges sicher, dass die Lemminge nicht entweichen können. Sollten Sie Lemming-Nachwuchs planen, muss auch dieser bei den Überlegungen mit bedacht werden, da Steppenlemminge bereits im Alter von 10–12 Tagen auf erste Streifzüge im Gehege gehen und dann versuchen, durch jede Spalte zu klettern. Insbesondere bei Gitterkäfigen ist deshalb besondere Vorsicht geboten.

Gelingt Ihren Steppenlemmingen trotz aller Sicherheitsmaßnahmen die Flucht, gilt es zunächst die Ruhe zu bewahren. Bevor Sie die ganze Wohnung auf den Kopf stellen, sollten Sie zunächst die unmittelbare Umgebung des Geheges nach den Ausreißern absuchen. Werden Sie dort nicht fündig, sollten einige Sicherheitsregeln beachtet werden. Informieren Sie alle Mitbewohner, damit diese auf die Ausbrecher achten und nicht versehentlich auf sie treten. Sperren Sie Hunde und Katzen weg und sorgen Sie dafür, dass diese nicht in das Zimmer mit dem Gehege gelangen können. Damit die Ausreißer sich nicht in der ganzen Wohnung verstecken können, sollten Sie darauf achten, dass alle Türen zu dem Raum, in dem das Gehege steht, stets verschlossen bleiben und der Türspalt evtl. abgedichtet wird. Beim Schließen der Türen ist es wichtig, auf den Fußboden zu achten, um die frei laufenden Lemminge nicht versehentlich mit der Tür einzuklemmen. Für die Steppenlemminge giftige Pflanzen (siehe Kasten) sollten aus dem Raum entfernt werden, oder sie müssen hoch genug stehen, damit die Lemminge nicht an sie heranreichen.

Neugieriger Steppenlemming Foto: C. Ehrlich

Einige giftige Zimmerpflanzen

Aralie (*Fatsia*), Baumfreund (*Philodendron*), Becherprimel (*Primula obconica*), Christusdorn (*Euphorbia milli*), Dieffenbachia, Efeu (*Hedera*), Efeutute (*Scindapsus*), Einblatt (*Spatiphyllum*), viele Farne, Flamingoblume (*Anthurium*), Fuchsie, Gummibaum (*Ficus* sp.), Korallenbäumchen (*Solanum capsicastrum*), Madagaskarpalme (*Pachypodium lamerei*), Oleander (*Nerum*) Passionsblume (*Passiflora*), Ritterstern (*Hippeastrum* sp.), Schefflera, Wandelröschen (*Lantana*), Weihnachtsstern (*Euphorbia pulcherrima*), Wüstenrose (*Adenium obesum*)

Steppenlemminge verstecken sich gerne an dunklen Orten, schauen Sie deshalb unter Schränke und andere Möbelstücke. Müssen Sie die Möbel verrücken, achten Sie darauf, dass die Tiere nicht eingeklemmt werden können. Zwar klettern Steppenlemming im Allgemeinen nicht gerne, dennoch müssen Aquarien, Toiletten, Vasen und Putzeimer abdeckt oder entfernt werden, um zu verhindern, dass die Tiere dort hineinfallen und dann ertrinken.

Erfahrungsgemäß nagen Steppenlemminge selten Stromkabel an, dennoch stellen diese eine Gefahr dar. Elektrogeräte sollten deshalb vom Stromkreis getrennt werden, um die Gefahr eines Stromschlages zu beseitigen.

Blätter sorgen für Beschäftigung. Foto: C. Ehrlich

Wie aber gelangen Ihre Lemminge wieder in ihr Gehege? Sollte es Ihnen gelingen, die Ausbrecher aufzuspüren, können Sie versuchen, sie einzufangen. Da Steppenlemminge extrem flink sind, haben Fangversuche mit der bloßen Hand allerdings kaum Erfolgsaussichten. Besser geeignet sind da schon Netze, wie sie zum Einfangen von Vögeln benutzt werden, ein Handtuch tut es im Notfall auch. Liegt das Handtuch über dem Lemming, heißt es schnell handeln und das Tier mitsamt dem Handtuch hochheben. Vorsicht vor Bissen des wenig erfreuten Ausreißers, denn ein vor Schreck fallen gelassener Lemming kann sich schwer verletzen.

Die im Zoofachhandel angebotenen Lebendfallen für Mäuse kommen dann zu Einsatz, wenn Sie trotz intensiver Suche die Ausreißer nicht finden können. Oftmals haben sie dann ein sehr gutes Versteck gefunden, das sie nur nachts verlassen. Füllen Sie die Lebendfalle mit einer Leckerei (z. B. einem Stück Möhre) und stellen Sie die Falle auf. Jetzt heißt es Geduld bewahren, bis die Lemminge in die Falle gehen. Stellen Sie die Falle am besten direkt parallel an der Wand auf, denn Lemminge laufen normalerweise meist an den Wänden entlang.

Auch ein Eimer mit hohem Rand (z. B. ein Zehnliter-Eimer) kann zur Lemmingfalle umfunktioniert werden. Legen Sie ihn etwas schräg auf ein Buch o. Ä. und geben Sie Futter hinein. Nun benötigen Sie noch eine „Rampe". Ein Holzbrett mit rauer Oberfläche eignet sich hierfür ganz gut. Lehnen Sie die Rampe an den Eimer und platzieren Sie diese Falle dort, wo Sie die Lemminge vermuten. Die Nager folgen dem Geruch des Futters und erklimmen dabei die Rampe. Beim Hineinklettern in den Eimer rutschten sie an der glatten Wand ab, etwas Einstreu federt die Rutschpartie ab. Nun können sie nicht mehr entkommen, wenn der Eimer eine ausreichende Schräglage aufweist.

Ihre glücklich eingefangenen Lemminge müssen vor der Rückkehr in ihr angestammtes Gehege auf evtl. Verletzungen untersucht werden. Außerdem sollten Sie den Fluchtweg aus dem Gehege ergründen, um ihn dauerhaft zu beseitigen, denn ansonsten werden Ihre Hausgenossen bald wieder auf Freigang gehen. Sollte nur ein Tier entwischt sein, beachten Sie, dass die Zeit evtl. ausgereicht haben könnte, dass die restlichen Gruppenmitglieder den Ausreißer als Fremdling ansehen (siehe „Vergesellschaftung").

Pflegemaßnahmen

Der tägliche Pflegeaufwand für Steppenlemminge ist relativ gering. Dennoch müssen Sie Sorgfalt walten lassen, damit sich die Pfleglinge dauerhaft wohl fühlen. Zu den täglich zu erledigenden Aufgaben gehört die Kontrolle des Geheges und der Tiere. Dabei sollte zunächst nachgeschaut werden, ob sich noch alle Lemminge im Gehege befinden. Auch der Gesundheitszustand der Tiere wird überprüft – Näheres zum finden Sie im Kapitel „Der gesunde Steppenlemming".

Sollten Sie ein gemischtgeschlechtliches Pärchen oder eine entsprechende Gruppe halten, müssen Sie

Zu den täglichen Aufgaben des Halters gehört auch das Beobachten der Tiere, um eventuelle Erkrankungen frühzeitig festzustellen. Foto: C. Ehrlich

prüfen, ob sich evtl. Nachwuchs eingestellt hat. Dies sollte jedoch mit äußerster Vorsicht erfolgen, um die Jungen nicht zu gefährden, da einige Weibchen ihre Kleinen nicht mehr annehmen, wenn sie im Nest gestört worden sind. Da die Jungtiere deutliche Geräusche von sich geben, reicht meist eine akustische Kontrolle aus, um festzustellen, ob ein Wurf abgesetzt wurde.

Außerdem ist sicherzustellen, dass die Tiere noch ausreichend frisches Futter haben. Reste müssen spätestens nach einem Tag entfernt werden, weil sich ansonsten Schimmel bilden kann. Da Steppenlemminge ihr Futter mit in die Wohngänge nehmen, müssen auch diese auf eventuell vorhandene Futterreste überprüft werden.

Toilettenecken, die von einigen, aber nicht allen Lemmingen angelegt werden, sollten Sie regelmäßig reinigen. Die Häufigkeit dieser Maßnahme hängt von der Anzahl der Tiere im Gehege und der von ihnen verursachten Verschmutzung ab. Normalerweise reicht es aus, lediglich die verschmutzte Ecke ein bis zwei Mal in der Woche zu säubern. Es muss also nicht jedes Mal die gesamte Einstreu gewechselt werden. Für die Steppenlemminge hat diese Methode klare Vorteile: Da die Nager ihr Revier, das sie mit ihrem Urin markieren, am Geruch erkennen, ist es besser, wenn sich ihre Umgebung nicht immer wieder geruchlich ändert, was dazu führen würde, dass sich die Tiere dauernd neu zurechtfinden müssten.

Tagsüber sind Steppenlemminge nur selten aktiv. Foto: C. Ehrlich

Der Uringeruch von Steppenlemmingen ist für die Nase des Menschen kaum wahrnehmbar. Deshalb genügt es völlig, wenn die gesamte Einstreu nur alle 3–4 Wochen gewechselt wird. Noch besser ist es, alle 2–3 Wochen erst die eine Hälfte des Geheges, nach der gleichen Zeit dann die andere Hälfte zu reinigen, so bleibt den Tieren immer ein Teil des Reviers erhalten. Auch hier hängt die Häufigkeit des Reinigens von der Anzahl der gehaltenen Tiere bzw. dem Grad der Verschmutzung ab. Sollte die Einstreu nass geworden sein, was z. B. durch das Auslaufen der Trinkflasche verursacht werden kann, muss sie gewechselt werden. Ansonsten besteht die Gefahr, dass sich die Lemminge in der feuchten Einstreu unterkühlen, oder dass Schimmel entsteht, der für die Tiere gesundheitsschädliche Folgen haben kann.

Neben dem Frischfutter sollte auch das Trinkwasser der Lemminge täglich gewechselt werden. Dabei muss der Wasserbehälter (Trinkflasche oder Napf) gründlich gereinigt werden, um einer Ansiedlung von Krankheitserregern vorzubeugen.

Zur Pflege gehört auch, dass stets ausreichend Futter vom Halter gelagert wird, damit beispielsweise über ein Wochenende oder Feiertage die Versorgung der Steppenlemminge gewährleistet ist. Das Beschäftigungsprogramm für die Tiere sollte ebenfalls täglich in die Haltung einbezogen werden: Erneuern Sie zernagte Pappwollen, oder reichen Sie den Nagern frische Äste oder neues Heu, damit sie nicht unter Langeweile leiden.

AKTIVITÄTSZEITEN

Die Hauptaktivitätszeit der Steppenlemminge liegt in den Dämmerungs- und Nachtstunden, wie schon mehrfach betont, ab und zu aber sind sie auch am Tag für 2–4 Stunden aktiv. Vor allem Veränderungen innerhalb ihres Geheges veranlassen die Lemminge auch tagsüber dazu, ihre Schlafhöhle zu verlassen.

Im Umgang mit Ihren Steppenlemmingen sollten Sie deren Nachtaktivität akzeptieren. Störungen am Tag oder gar das bewusste Wecken der Tiere verursachen viel Stress, der die Lebenserwartung der Lemminge deutlich verkürzen kann. Es ist deshalb sinnvoll, die Fütterung der Pfleglinge und die Reinigung des Geheges in die späten Nachmittags- oder die frühen Abendstunden zu verlegen, da Sie dann Ihre Steppenlemminge kaum stören. Kommen die Tiere jedoch freiwillig tagsüber aus ihrem Bau heraus, können Sie sich natürlich bedenkenlos mit ihnen beschäftigen. Bei an den Menschen gewöhnten Steppenlemmingen kommt es sogar vor, dass die Nager herauskommen, sobald sie Menschen in der Nähe hören, weil sie Futter oder Beschäftigung erwarten.

UMGANG MIT DEN STEPPENLEMMINGEN

Steppenlemminge sind echte Wildtiere – deshalb sind sie für Menschen, die ein zahmes Heimtier möchten, nicht empfehlenswert. Für Personen dagegen, die gerne Tiere beobachten und sich an ihrem natürlichen Verhalten erfreuen, sind Steppenlemminge ideale Pfleglinge. Vor allem Berufstätige kommen aufgrund der Aktivitätsphasen der Lemminge in den frühen Morgen- und Abendstunden auf ihre Kosten. Kleine Kinder allerdings haben recht wenig von den Steppenlemmingen, da diese tagsüber meist schlafen und eben auch keine Kuscheltiere sind. Als „Spielgenossen" für Kinder kommen sie deshalb nicht in Frage, hier sind Kaninchen oder Meerschweinchen vorzuziehen. All dies muss vor der Anschaffung der Steppenlemminge bedacht werden, denn ansonsten ist die Enttäuschung riesengroß. Nicht selten führt dies dann dazu, dass die Nager wieder weggegeben werden. Ein solches Schicksal als „Wanderpokal" sollte man jedem Tier jedoch ersparen.

Es gibt jedoch auch Steppenlemminge, die erstaunlich zutraulich werden und ihrem Pfleger sogar das Futter aus der Hand fressen. Um dieses Ziel zu erreichen, brauchen Sie viel Geduld und Ruhe, denn die Lemminge bestimmen das Tempo. Um die Tiere an sich zu gewöhnen, empfiehlt es sich, zunächst die flache Hand mit etwas Futter in das Gehege der Lemminge zu legen. Warten Sie geduldig, denn die Tiere werden zunächst einmal in ihrem Bau bleiben. Vermeiden Sie schnelle und hektische Bewegungen, denn diese würden die Lemminge erschrecken. Nach einiger Zeit obsiegt dann meist doch die Neugier, und die Lemminge verlassen ihren Bau. Wenn sie dann auf Ihre Hand steigen und dort ohne Hektik fressen, haben Sie „gewonnen". Nun können Sie versuchen, die Steppenlemminge vorsichtig zu berühren. Dabei sollten Sie die Tiere aber zu nichts zwingen, sonst reagieren sie ängstlich oder aggressiv. Nochmals jedoch der Hinweis: Einige Lemminge werden niemals zahm, ja sie greifen sogar die Hand an, die sie als Eindringling ansehen, und beißen. Daher ist die richtige Auswahl der Lemminge sehr wichtig: Erwerben Sie Tiere aus einer „freundlichen" Linie, in der schon die Elterntiere zahm sind.

Gleichwohl sind aber auch wenig zahme Lemminge liebenswerte Heimtiere, die ihrem Pfleger viel Spaß beim Beobachten bereiten können. Und ganz ehrlich, ein Beobachtungsabend vor einem Steppenlemminggehege mit all seinem Gewusel kann deutlich spannender als ein Fernsehabend sein.

Manchmal müssen Ihre Lemminge jedoch aus dem Gehege genommen werden, z. B. während der Reinigungsarbeiten oder wenn es einmal zum Tierarzt geht. Wie aber macht man das, ohne dass es zu großem Stress bei Lemmingen und Pfleger kommt? Bei zahmen Tieren ist dies meist kein Problem: Mit ein wenig Futter werden sie auf die Hand gelockt und dann in eine „Fauna-Box" oder einen ähnlichen Behälter umgesetzt. Das Umsetzen sollte immer im Gehege erfolgen, um Verletzungen der Tiere durch Herabfallen zu vermeiden. Nimmt man die Lemminge nämlich auf der Hand aus dem Gehege, kann es passieren, dass die flinken Kerlchen herunterspringen, was zu Knochenbrüchen führen kann. Sind Ihre Steppenlemminge nicht zahm, leisten ein großes Glas oder eine leere Heimchendose gute Dienste beim Einfangen. Stülpen Sie das Gefäß über den einzufangenden Steppenlemming, aber achten Sie dabei darauf, dass er nicht unter dem Rand des Glases eingeklemmt wird. Schieben Sie anschließend eine Hand oder ein Stück Pappe (z. B. einen Bierdeckel) unter das Glas, und schon kann der Lemming nicht mehr entkommen.

So zahm werden nicht alle Lemminge.
Foto: R. Sistermann

FÜTTERUNG

Der Versuch, Steppenlemminge mit Handschuhen einzufangen, ist dagegen meist zum Scheitern verurteilt. Durch dünnere Handschuhe beißen die Tiere mühelos durch, und dickere Handschuhe haben den Nachteil, dass man damit kaum noch Gefühl hat. Es ist dann schwer, den Lemming sicher zu fassen, ohne ihn zu verletzten.

Auf Auslauf in der Wohnung sollten Sie bei Steppenlemmingen verzichten. Zum einen verschwinden die Tiere in allen erdenklichen Spalten und Ritzen und lassen sich kaum bewegen, diese wieder zu verlassen, zum anderen lauern in einer Wohnung viele Gefahren für einen kleinen Lemming. Neben Giftpflanzen, die er anfressen könnte, kann er zwischen Zimmer- und Schranktüren eingeklemmt werden. Aufgrund seiner geringen Größe und seiner schnellen Fortbewegung ist es außerdem kaum möglich, ihn dauerhaft zu verfolgen. Es besteht somit die Gefahr, dass Sie oder ein anderer Mitbewohner versehentlich auf ihn treten.

Ein abwechslungsreich gestaltetes Gehege mit entsprechender Größe bietet den Steppenlemmingen alles, was sie brauchen – vor allem Sicherheit.

FÜTTERUNG

Das richtige Futter spielt für die Lebensqualität und -dauer Ihrer Steppenlemminge eine wesentliche Rolle. Anders als ihre Artgenossen im natürlichen Lebensraum können sich Heimtiere ihre Nahrung nicht selbst suchen, sondern sind auf ihren Pfleger angewiesen. Dieser muss sehr genau Bescheid wissen, welche Futterstoffe für die Steppenlemminge geeignet sind und welche nicht. Die Aussage, ein Tier fresse nur, was gut für es ist, ist ebenso falsch wie die Vermenschlichung der Pfleglinge – für Menschen zubereitetes Essen hat nichts im Gehege der Steppenlemminge zu suchen!

Zur artgerechten Ernährung von Steppenlemmingen gehört das Wissen um ihre Ernährung im natürlichen Lebensraum. Hier hilft das Durchforsten der wissenschaftlichen Literatur, denn auf ihren Expeditionen haben sich viele Forscher mit den Ernährungsgewohnheiten der Nager auseinandergesetzt. Auch durch die Analyse der von den Lemmingen in ihre Baue eingebrachten Futtervor-

Maiskolben sind gesund und sorgen für Beschäftigung.

Neben Körnern sollten Steppenlemminge ausreichend Grünfutter erhalten.

Steppenlemminge sind immer hungrig! Fotos: C. Ehrlich

Die richtige Ernährung

Moos gehört zum natürlichen Nahrungsspektrum.
Foto: R. Sistermann

Eine abwechslungsreiche Ernährung ist die beste Gesundheitsvorsorge. Foto: R. Sistermann

räte konnten ausreichend Daten über die Ernährungsgewohnheiten der Tiere gesammelt werden. Das Ergebnis: Die Grundlage der Ernährung im Freiland bilden Gräser, Wurzeln, Knollen und Kräuter, die die Lemminge in der Steppe finden. Vor allem Süßgräser und Beifuß (*Artemisia*) werden gerne gefressen. In der Nähe menschlicher Ansiedlungen erweitern die Steppenlemminge ihr Nahrungsspektrum zudem um verschiedene Getreidesorten. Das zur Verfügung stehende Pflanzenangebot variiert je nach Jahreszeit beträchtlich, sodass die Lemminge gezwungen sind, ihre Ernährung der Natur anzupassen. Dies erfordert von den Tieren eine hohe Flexibilität, um ihr Überleben zu sichern. Beim Durchwühlen der Wurzelzone treffen die Lemminge überdies auf Insekten und Larven, die sie teilweise ebenfalls fressen. Allerdings ist der Anteil der tierischen Nahrung insgesamt eher gering.

Artgerechte Ernährung – was bedeutet das?

Eine artgerechte Ernährung orientiert sich an den Ernährungsgewohnheiten einer Art im Freiland. Frei lebende Steppenlemminge verzehren hauptsächlich vegetative Pflanzenteile, also Blätter, Blüten und Stängel einer Pflanze. Samen und Früchte werden weniger häufig gefressen, tierische Nahrung spielt eine untergeordnete Rolle, wie bereits erwähnt.
Bei der Futterzusammenstellung sollte man diese artspezifischen Ernährungsgewohnheiten bedenken. Frischfutter sollte also mindestens 50 % des Grundfutters ausmachen, die restlichen 50 % können aus verschiedenen Saaten bestehen. Tierisches Futter (z. B. Mehlwürmer) ist nur eine sporadische Zugabe.

Die richtige Ernährung

Die richtige Ernährung von Steppenlemmingen besteht aus deutlich mehr, als die Fertigfuttermischungen aus dem Zoofachhandel zu bieten haben. Da die Tiere daran angepasst sind, ihre Nahrungsquellen im Jahresverlauf immer wieder zu wechseln, sollten Sie ihnen einen abwechslungsreichen Speiseplan anbieten. Dies bereitet Ihnen sicherlich mehr „Mühe" als das Verfüttern von Fertigmischungen, aber Sie werden sehen, es macht viel Spaß, Ihre Steppenlemminge kulinarisch zu „verwöhnen". Letztlich werden Ihre Lemminge es Ihnen durch ein lebhaftes Verhalten danken.

Schokolade, Kekse oder Bonbons und weitere Süßigkeiten gehören nicht in den Magen eines Steppenlemmings! Generell ist ein hoher Zuckeranteil in der Nahrung für Lemminge schädlich, da diese zu Diabetes neigen! Wenn Sie sich nicht sicher sind, ob ein Futtermittel möglicherweise ungesund für Ihre Steppenlemminge sein könnte, gehen Sie auf Nummer sicher und verfüttern Sie es nicht!

Futtermittel müssen in Deutschland mit einem Verfallsdatum gekennzeichnet sein. Achten Sie beim Kauf des Futters auf dieses Datum und kaufen Sie kein überaltertes Futter. Nach Ablauf des Verfallsdatums sollte Futter nicht mehr verwendet werden, da es dann beispielsweise keine Vitamine mehr enthält. Überdies kann sich in überlagertem Futter Schimmel vermehren, der für die Steppenlemminge gesundheitsschädlich ist. Viele Zoofachgeschäfte bieten Futter in einer offenen Futterbar an. Hier können Sie zwar das lose Futter nach Ihren Bedürfnissen selber abwiegen, dafür hat es inzwischen aber auch zahlreiche Mikroorganismen aus der Umgebungsluft und von den Händen anderer Kunden aufgenommen. Als Futtermittel sollte es für empfindliche Lemminge daher nicht verwendet werden. Greifen Sie stattdessen zu hygienisch abgepacktem Futter oder lassen Sie es sich beim Händler direkt aus dem Futtersack abwiegen.

DAS TROCKENFUTTER

Auch wenn Steppenlemminge einen hohen Anteil Frischfutter erhalten sollten, benötigen sie gleichwohl ein ausgewogenes Trockenfutter. Als Bewohner von Steppen und Halbwüsten sind sie vor allem auf die Verwertung fettarmer, mehlhaltiger Saaten spezialisiert.

Verschiedene Saaten sorgen für Abwechslung beim Trockenfutter. Foto: S. Brüggemann

Im Zoofachhandel werden zwar seit einiger Zeit spezielle Futtersorten für Zwerghamster angeboten, die generell auch für Steppenlemminge geeignet sind, allerdings sollten Sie beim Kauf fertiger Futtermischungen sehr genau auf die Zusammensetzung achten. Denn nicht alles, was der Handel im Angebot hat, ist auch tatsächlich als Futter geeignet.

Grundbestandteil einer durchdachten Körnermischung für Steppenlemminge sollten mehlhaltige Saaten bilden, z. B. Spitzsaat, die oft auch unter den Bezeichnungen Glanz- oder Kanariensaat angeboten wird. Der Anteil an mehlhaltigen Saaten im Trockenfutter sollte über 60 % liegen. Ideal ist ein Gehalt von ca. 40 % Spitzsaat, weitere mehlhaltige Saaten (z. B. Getreidesorten) werden zu jeweils 5 % Prozent hinzugemischt.

An ölhaltigen Saaten kommen schwerpunktmäßig Negersaat und Kardisaat zum Zuge. Außerdem eignen sich Perilla, Leinsaat, Hanf und so genannte Wildsamen, wie Mohn und Sesam. Der Hanfanteil sollte möglichst nicht zu hoch sein, also einen Anteil von 3 % im Trockenfutter nicht überschreiten – seine übermäßige Verfütterung verursacht vermutlich Stoffwechselstörungen. Die genaue Zusammenstellung des Körnerfutters sollte speziell auch auf die unterschiedlichen Phasen im Biorhythmus der Steppenlemminge und auf die Haltungsbedingungen abgestimmt sein. So ist bei einer kalten Überwinterung der Anteil ölhaltiger Saaten entsprechend höher zu halten als bei einer temperierten Haltung. Die Erhöhung des Anteils an ölhaltigen Saaten kann z. B. über die Beimischung von Sesam erfolgen.

Da die Vermehrungsphase eine besondere Beanspruchung der Lemminge darstellt, muss zu dieser Zeit der Anteil ölhaltiger Saaten höher sein als in der Ruhephase. Dabei sollten Saaten gewählt werden, deren Proteingehalt hoch ist und die zudem viele essenzielle Aminosäuren sowie Fettsäuren aufweisen. Dies sind neben der Negersaat auch Perilla, Sesam und Mohn.

KLEINE KÖRNERKUNDE

Körner werden je nach Gehalt an Kohlenhydraten bzw. Fetten in mehlhaltige (kohlenhydratreiche) und ölhaltige (fettreiche) Saaten unterteilt.

mehlhaltig	Spitzsaat, Haferkerne, Japanhirse, Platahirse, Senegalhirse, Mannahirse rot, Silberhirse, Rote Hirse, Buchweizen, Weizen, Kolbenhirse (Senegal/Manna), Quinoasaat, Knaulgras, Grassamen - grob, Grassamen - fein, Paddyreis, Milo, Dari (Sorghum)
ölhaltig	Negersaat, Rübsen, Raps, Leinsaat, Hanf, Blaumohn, Perilla, Zichorie, Nachtkerze, Salatsamen, Distelsamen, Sonnenblumen Sesam, Kiefernsamen, Fichtensamen, Tannensamen, Mariendistel, Kardisaat, Lärchensamen, Zypressensamen

Zusätzlich zum Körnerfutter brauchen die Steppenlemminge auch ständig Heu. Das Knabbern

Pellts als Futtermittel

Durch das Nagen werden die ständig nachwachsenden Zähne gekürzt. Foto: M. Höhle

am Heu sorgt für die Abnutzung der Schneidezähne und beschäftigt die Lemminge. Wird es nicht gefressen, kann das Heu auch als Polstermaterial für die Wohnhöhle verwendet werden.

Ausnahmsweise dürfen die Lemminge einmal gekochte Nudeln, Reis oder Kartoffeln erhalten, dies aber nur im ungesalzenen Zustand. Auch getrocknetes Brot dürfen Sie den Steppenlemmingen gelegentlich verfüttern. Da es sehr hart ist, hilft es den Tieren, ihre Nagezähne, die ständig nachwachsen, abzunutzen, sodass es nicht zu Zahnfehlern kommt; Heu ist übrigens das beste Futtermittel um eine Zahnabnutzung zu gewährleisten.

Pellets als Futtermittel

Im den meisten käuflichen Futtermitteln sind heutzutage Pellets enthalten. Dabei handelt es sich um Futter, das unter hohem Druck und teilweise auch hohen Temperaturen in eine bestimmte Form gepresst wurden. Bei der Produktion von Pellets gibt es unterschiedliche Verfahren. Bei der herkömmlichen Pelletherstellung gehen dem Pressvorgang die Vermahlung der Rohstoffe und deren homogene Vermischung voraus. Dieses Gemisch wird dann bei Temperaturen zwischen 70 und 90 °C sowie hohem mechanischem Druck zu Pellets geformt. Einige Hersteller haben jedoch Verfahren entwickelt, bei denen die Temperatur unter 40 °C abgesenkt werden konnte, um enthaltene Vitamine besser zu erhalten. Allerdings ist die Festigkeit dieser Pellets etwas geringer als die der bei höheren Temperaturen hergestellten. Die verwendete Temperatur kann man auch leicht an der Oberflächenstruktur der Pellets erkennen: Bei hohen Temperaturen hergestellte Pellets sind meist glatt und leicht glänzend („speckig"), die anderen rau und „bröselig".

Eine vereinfachte Form der Pelletherstellung (Extrusionsverfahren) baut auf einem Verhalten der Stärke auf, die bei Hitzeeinwirkung quillt und dann „verklebt". Hierzu ist es ebenfalls notwendig, dass alle Rohstoffe vermahlen und zu einem einheitlichen Brei vermischt werden. Unter besonders hohem Druck und Temperaturen zwischen 120 und 180 °C wird dieser Brei verdichtet und zusätzlich durch den Druck weiter erhitzt. Gepresst durch eine Matrize, „explodiert" das Formstück und muss schließlich noch getrocknet und heruntergekühlt werden. Solche Extrudate findet man häufig als harte, bunte Bröckchen (v. a. aus Mais) in industriell hergestelltem Futter.

Durch die meist hohen Temperaturen, die zur Pelletherstellung erforderlich sind, verlieren die in den Rohstoffen enthaltenen Vitamine ihre Wirkung. Deshalb werden den Pellets die Vitamine nach der Herstellung als „Hülle" aufgetragen.

Sicherlich bieten Pellets den Vorteil, dass die Inhaltsstoffe genau bekannt und auf die Bedürfnisse der Tiere abgestimmt sind. Da keine weiteren Fut-

Extrudate als Futtermittel sind umstritten. Foto: C. Ehrlich

Ohne Grünfutter geht es nicht. Foto: R. Sistermann

termittel erforderlich sind, ist der Zeitaufwand bei der Fütterung mit Pellets deutlich geringer. Nachteilig ist aber die unnatürliche Darreichungsform des Futters. Zudem führt es zu Langeweile, da die Beschäftigung beim Fressen dieser Einheitsnahrung sehr gering ist.

Aus diesem Grund sollte der Anteil an Pellets, wenn sie denn überhaupt verfüttert werden, 10 % des Trockenfutters nicht übersteigen.

Fertigfutter oder selber mischen?

Diese Frage können Sie sich nur selbst beantworten, da beides Vor- und Nachteile hat. Fertigfuttermischungen sind meist für bekannte und domestizierte Haustiere wie Hamster und Meerschweinchen gedacht und nicht auf die Bedürfnisse der Steppenlemminge abgestimmt. So enthalten viele dieser Mischungen einen extrem hohen Anteil an fetthaltigen Samen. Auch der hohe Pelletanteil, dessen Inhaltsstoffe teilweise nicht angegeben werden, erlaubt dem Halter kaum einen Überblick über den Nährstoffgehalt.

In jüngster Zeit hat sich jedoch einiges auf dem Futtermarkt getan. Immer mehr Futtermittelhersteller reagieren auf die zunehmende Beliebtheit exotischer Nagetiere. Und so werden inzwischen einige auch für Lemminge sehr gut geeignete Futtermischungen angeboten.

Es gibt aber auch gute Gründe für das Selbermischen von Futter. So können Sie durch das Verändern einzelner Bestandteile für mehr Abwechslung bei der Fütterung sorgen. Auch eine jahreszeitliche Steuerung der Fütterung, die sich an den Ansprüchen der Tiere (Ruhephase, Fortpflanzungsphase) orientiert, ist mit eigenen Futtermischungen besser möglich. Dafür ist aber der Aufwand etwas erhöht.

Für Halter, die nur wenige Tiere pflegen und nicht nachzüchten wollen, sind die im Zoofachhandel erhältlichen Futtermischungen ausreichend. Wenn Sie aber mehrere Tiere halten und diese auch vermehren wollen, sind eigene Futtermischungen eine Überlegung wert, auch aus finanziellen Gründen.

Keimfutter

Bei Keimfutter handelt es sich um Körnerfutter, das gewässert wird und dann zu keimen beginnt. Durch den Keimungsvorgang verringert sich der Fettgehalt der Saaten, und der Vitamingehalt nimmt zu. Besonders wertvoll ist dieses Futter, wenn die Keime gerade durchgebrochen bzw. erst 1–2 mm lang sind. Wachsen die Keime weiter aus, nimmt der Anteil an unverdaulicher Rohfaser zu, und der Energiegehalt sinkt. Für die Herstellung von Keimfutter sollten Sie die Körner in einem Sieb unter fließendem Wasser zunächst gründlich abwaschen, um sie zu säubern. Anschließend müssen sie dann mit Wasser bedeckt für maximal acht Stunden quellen (z. B. über Nacht). Ich benutze dafür einen ganz normalen Topf, den ich geöffnet in der Küche stehen lasse. Bleiben die Körner länger als acht Stunden im Wasser, besteht die Gefahr, dass sie zu gären beginnen. Nach Ablauf der Quellzeit werden die

Körner erneut in einem Küchensieb unter fließendem Wasser abgespült. Lassen Sie nun das Wasser abtropfen und hängen Sie das Sieb mit den Körnern anschließend in einen Topf. Der Deckel des Topfes sollte über das Sieb gelegt werden, um die Körner vor Staub und Austrocknung zu schützen. Die Körner müssen jetzt zwischen 24 und 48 Stunden bei möglichst konstanter Temperatur keimen. Ein Plastiksieb ist deshalb besser geeignet, da ein Metallsieb rosten könnte. Obwohl die meisten Siebe angeblich rostfrei sind, bestehen viele erfahrungsgemäß den „Keimfutter-Härtetest" nicht. Waschen Sie die keimenden Körner etwa alle zwölf Stunden unter fließendem Wasser ab, um Schimmelbildung zu vermeiden. Nach einer Keimzeit von 24–36 Stunden kann das Futter dann verwendet werden. Achten Sie darauf, dass die Keime nicht länger als 4–5 mm werden, da sich ansonsten Bitterstoffe darin ansammeln. Diese sind zwar für die Steppenlemminge unschädlich, aufgrund des bitteren Geschmacks werden solche Keimlinge jedoch meist verschmäht. Wichtig bei der Keimfuttergabe sind vor allem die

meisten Fertigmischungen jedoch z. B. geschälter Hafer enthalten ist, sollte man möglichst nur Einzelsaaten keimen lassen. Achten Sie beim Zubereiten von Keimfutter auf größtmögliche Hygiene. Gekeimtes Futter verdirbt rasch und riecht dann säuerlich beziehungsweise ist mit Schimmelpilzen überzogen. Verdorbenes oder schimmeliges Futter darf niemals verwendet werden! Da Keimfutter gerade in den Sommermonaten extrem schnell verdirbt, sollten Sie es nie länger als zwölf Stunden im Gehege Ihrer Steppenlemminge belassen. Die Näpfe, in denen Sie Keimfutter anbieten, müssen gründlich mit heißem Wasser ausgewaschen werden, damit sich darin keine Krankheitserreger festsetzen können.

Tierische Nahrung

Wie bereits erwähnt, macht tierisches Eiweiß nur einen Bruchteil der natürlichen Futterressourcen von Steppenlemmingen aus. Dessen ungeachtet gehört die ausreichende Versorgung mit tierischem Eiweiß zur ausgewogenen Ernährung. Insbesondere

Mehlwürmer Foto: C. Ehrlich

langsame Gewöhnung der Tiere an dieses Futter sowie der maßvolle Umgang damit. Zu hohe Keimfuttergaben oder eine zu rasche Umstellung können zu Verdauungsproblemen mit schweren Durchfällen führen.

Zum Herstellen von Keimfutter sind alle ungeschälten Saaten geeignet. Bei meinen Steppenlemmingen sind vor allem gekeimte Hirse, Sonnenblumenkerne und Weizen sehr beliebt. Verwenden Sie keine geschälten Saaten, da diese verschleimen und die Gefahr der Verpilzung sehr hoch ist. Da in den

Jungtiere in der Wachstumsphase, aber auch trächtige oder säugende Weibchen benötigen größere Mengen an tierischem Eiweiß. Um die Versorgung zu gewährleisten, gibt es viele Möglichkeiten. So können Sie den Lemmingen getrocknete Garnelen, Insekten- und Eifutter aus der Ziervogelernährung oder Katzentrockenfutter reichen. Bei Katzenfutter müssen Sie aber darauf achten, dass es kein Taurin enthält, da dieses bei Nagetieren den Blutdruck senkt und zu einer lebensbedrohlichen so genannten Hypernatriämie führen kann. Geeignete Produkte aus der Küche, die die Eiweißversorgung sicherstellen können, sind Magerquark, Hüttenkäse, Naturjogurt oder hartgekochte Eier.

> **Tipp:** In der Ziervogelabteilung des Zoofachhandels finden Sie eine Vielzahl an Futtermitteln, die Sie Ihren Steppenlemmingen als Eiweißquelle anbieten können, z. B. Ei-, Aufzucht- oder Insektenfutter. Auch Beoperlen sind für die Verfütterung an Steppenlemminge geeignet.

Sie können die Versorgung mit tierischem Eiweiß aber auch durch die Gabe von Lebendfutter gewährleisten. Dieses kann entweder als Wiesenplankton (diverse Wirbellose aus der Natur) selber gesammelt oder aber im Zoofachhandel erworben werden. Beim Selbersammeln muss darauf geachtet werden, dass die Insekten nicht in der Nähe von Flächen gekeschert werden, auf denen Pestizide und Insektizide eingesetzt werden, da diese sich in den Wirbellosen sammeln und so zu einer schleichenden Vergiftung der damit gefütterten Tiere führen können. Ein weiteres Risiko stellen Krankheitserreger und Parasiten dar, die durch in der Natur gesammelte Insekten in den Bestand eingeschleppt werden können.

Inzwischen bietet aber auch der Zoofachhandel eine breite Palette an Lebendfutter an, diese finden Sie zumeist in der Terraristikabteilung. Im Internet annoncieren ebenfalls Händler für Lebendfutter. Da diese meist auf den alleinigen Verkauf dieser Futtersorte spezialisiert sind, sind sie oftmals günstiger als der örtliche Zoofachhandel.

Verfüttern Sie gekauftes Lebendfutter, sollten Sie die Insekten zuvor mindestens eine Woche lang ausreichend und vitaminreich füttern. Schlecht versorgtes Lebendfutter besteht hauptsächlich aus Chitin, was zu Verdauungsproblemen bei den damit gefütterten Steppenlemmingen führen kann. Bei Mehlwürmern kommt noch hinzu, dass sie in vielen Fällen auf Zeitungspapier gehalten werden, das sie fressen und dessen Inhaltsstoffe (z. B. Druckerschwärze) sie bei der Verfütterung weitergeben. Larven (Mehlwürmer, *Zophobas*) können auf Kleie oder Haferflocken gehalten und mit Möhren u. Ä. ernährt werden. Bei der Entnahme zur Verfütterung verwenden Sie am besten ein kleines Sieb, mit dem die Fäkalien der Würmer abgetrennt werden können. Grillen, Heuschrecken und Heimchen sollten ausreichend Grünfutter (Löwenzahn, Gras, Salat etc.) erhalten.

Sollten Sie Heimchen verfüttern wollen, bedenken Sie bitte, dass diese sich von praktisch allem ernähren können, was sie in einer Wohnung finden. Deshalb können entkommene Heimchen noch Wochen nach ihrer Flucht ihr Unwesen als Ungeziefer treiben. Bei Grillen und Heuschrecken besteht diese Gefahr nicht.

Der Vorteil von Lebendfutter ist, dass sich die Steppenlemminge ihre Nahrung „erjagen" müssen. Dies sorgt für ausreichend Beschäftigung. Ob Sie Ihren Lemmingen tierisches Eiweiß als Lebendfutter oder in einer anderen Form verfüttern, hängt in erster Linie von Ihren Lemmingen ab; es gibt beispielsweise immer wieder Steppenlemminge, die Lebendfutter nicht anrühren. Einige Halter verzichten auch auf die Gabe von Lebendfutter, weil sie sich vor den lebenden Insekten ekeln. Sollte es Ihnen ebenfalls so ergehen, können Sie auf tiefgefrorene Insekten oder eine andere der genannten Eiweißquellen ausweichen.

FRISCHFUTTER

In ihrem natürlichen Lebensraum nehmen Steppenlemminge vor allem vegetative Pflanzenteile (Blätter, Blüten und Stängel) auf, wie schon erwähnt. Deshalb sollte Frischfutter, auch Grün- oder Saftfutter genannt, einen großen Anteil an der täglichen Ration Ihrer Steppenlemminge ausmachen.

Auf die Gabe von Obst sollten Sie dagegen verzichten. Erstens ernähren sich frei lebende Steppenlemminge beispielsweise von Knollen oder Wurzeln, nicht aber von Obst, und zweitens neigen Steppenlemminge, wie ebenfalls schon erwähnt, zu Diabetes, die zur Unfruchtbarkeit führen kann. Wurzeln und vor allem Knollen enthalten zwar auch Zucker, im Gegensatz zum Einfachzucker (Fruchtzucker) beim Obst handelt es sich dabei aber um Mehrfachzucker (Stärke). Zwar gibt es auch Halter, die mit dem Verfüttern von Obst gute Erfahrungen gemacht haben, im Sinne einer artgerechten Fütterung sollten Sie jedoch darauf verzichten.

FRISCHFUTTER

Steppenlemminge fressen Möhren besonders gerne.
Foto: R. Sistermann

Sternmoos – ein Leckerbissen für Lemminge Foto: C. Ehrlich

Leider ist das Gemüse, das im Supermarkt oder auf dem Wochenmarkt angeboten wird, häufig stark mit Spritzmitteln belastet. Deshalb muss es vor dem Verfüttern gründlich abgewaschen werden. Alternativ können Sie es auch schälen, aber dabei gehen viele Nährstoffe (v. a. Vitamine), die sich vor allem in der Schale befinden, verloren. Im Kühlschrank aufbewahrtes Gemüse sollten Sie zunächst auf Zimmertemperatur erwärmen, um Verdauungsproblemen bei den Steppenlemmingen vorzubeugen.

Tipp: Folgende Punkte sollten Sie vor dem Verfüttern von Wildkräutern und -gräsern beachten:
• Sammeln Sie niemals Grünfutter in der Nähe stark befahrener Straßen oder in Parks!
• Kein mit Vogelkot oder sonstigen Tierexkrementen verunreinigtes Grünfutter verwenden!
• Vor dem Verfüttern das Grünfutter gut abspülen!
• Verfüttern Sie keine unbekannten (evtl. giftigen) Pflanzen!
• Sammeln Sie nur auf Flächen, die nicht gespritzt werden!

GESUNDES FRISCHGEMÜSE

Der Lebensmittelhandel bietet eine breite Palette an Gemüse an, die unter der Erde (Wurzelgemüse) wachsen. Ich habe bisher folgende Gemüsesorten mit Erfolg verfüttert: Möhren, Rote Beete, Petersilienwurzel, Sellerie, Staudensellerie, Steckrübe, Gurke, Feldsalat, Paprika, Zucchini, Topinambur, Petersilie

Vor dem Verfüttern von Salat wird immer wieder aufgrund der hohen darin enthaltenen Nitratmengen gewarnt, bei gelegentlicher Gabe stellt dies jedoch kein Problem dar. Dies gilt auch für Gurken, auf deren entwässernde Wirkung oft hingewiesen wird. In meiner bisherigen züchterischen Praxis habe ich jedoch noch nie Nachteile durch die Verfütterung von Salat und Gurke erlebt.

Aber nicht nur im Supermarkt, auch in freier Natur kann man Grünfutter für seine Steppenlemminge bekommen. Viele heimische Wildkräuter und -gräser sind ein ideales und vitaminreiches Futter, das noch dazu kostenlos zur Verfügung steht. Es macht lediglich ein wenig Mühe, sie zu sammeln, aber das sollte Ihnen die optimale Ernährung Ihrer Lemminge wert sein! Frischluft, Bewegung und Naturerlebnis für den Pfleger sind weitere Argumente, die für selber gesammeltes Grünfutter sprechen. Nicht verschwiegen werden soll jedoch, dass Wildkräuter und -gräser ein (wenn auch geringes) Risiko der Krankheitsübertragung mit sich bringen. Deshalb dürfen Sie mit Vogelkot verunreinigtes Grünfutter keinesfalls anbieten. Grünstreifen in Straßennähe oder Parks sollten Sie bei der Suche nach Grünfutter ebenfalls meiden, da die Kräuter hier stark mit Schadstoffen und/oder Hundeurin belastet sein können.

LECKERE WILDKRÄUTER

Für Steppenlemminge sind u. a. folgende Wildkräuter und -gräser als Futter geeignet:

Löwenzahn, Hirtentäschelkraut, Spitzweg, Breitwegerich, Wiesen-Sauerampfer, Vogelmiere, Wiesen-Rispengras, Süßgräser, Sternmoos

Vor allem Sternmoos (*Sagina subulata*) ist bei meinen Lemmingen sehr beliebt und wird bevorzugt gefressen. Im Gegensatz zu anderen Moos-Arten fällt es auch nicht unter den Artenschutz, darf aber trotzdem nicht überall gesammelt werden; fragen Sie also im Zweifelsfall besser den zuständigen Förster. Die Reste der Moos-Mahlzeit werden anschließend als Polstermaterial in die Wohnhöhle eingetragen. Grassoden, an denen noch Erde haftet, sind nicht nur eine gute Nahrungsergänzung, sie sorgen auch für ausreichend Beschäftigung. Die Steppenlemminge durchwühlen den Soden und nehmen dabei auch in der Erde enthaltene Insekten auf.

MÜSSEN LEMMINGE TRINKEN?

Die Frage nach dem Trinkbedürfnis von Steppenlemmingen wird sehr kontrovers diskutiert. Fakt ist, dass Lemminge gut ohne extra angebotenes Wasser auskommen können, wenn sie ausreichend Frischfutter erhalten. Als Steppentiere sind sie daran angepasst, ihren Flüssigkeitsbedarf über frisches Pflanzenmaterial zu decken.

Ich biete meinen Lemmingen jedoch trotz ausreichender Grünfuttergabe Frischwasser an. Auch wenn einige Tiere dieses Angebot nicht oder nur äußerst selten annehmen, will ich ihnen doch wenigstens die Möglichkeit zur Wasseraufnahme bieten. Ob Sie Ihren Lemmingen Wasser zugänglich machen oder nicht, liegt ganz in Ihrem Ermessen. Verzichten sie auf die Gabe von Frischwasser, muss den Tieren aber immer (!) ausreichend Grünfutter gereicht werden.

Wollen Sie Ihren Steppenlemmingen die Möglichkeit bieten, zu trinken, können Sie eine Trinkflasche oder einen Napf benutzen. Wofür Sie sich auch entscheiden, wichtig ist eine penible Hygiene im Umgang mit dem Wasserbehälter. Ansonsten besteht die große Gefahr, dass sich im Wasser eine große Anzahl an gesundheitsschädlichen Mikroorganismen sammelt. Vor allem Wasserflaschen sind hierfür besonders anfällig. Eine Algenbildung im Wassergefäß ist zwar nicht gesundheitsschädlich, spiegelt aber mangelnde Sauberkeit wider. Für die Verwendung von Wassernäpfen spricht, dass sie leicht im Gehege aufgestellt werden können. Andererseits verschmutzen sie durch das Eintragen von Einstreu leicht und sorgen evtl. für Feuchtigkeit im Gehege. Für junge Steppenlemminge besteht zusätzlich die Gefahr des Ertrinkens.

Trinkflaschen sind hygienischer als Wassernäpfe. Foto: C. Ehrlich

Diese Nachteile besitzt eine Trinkflasche nicht. Dafür kann sie auslaufen und dabei die Einstreu ebenfalls durchnässen. In diesem Fall müssen Sie die Einstreu sofort wechseln! Jungtiere können außerdem die Trinkflasche oftmals nicht erreichen. Und letztlich ist die Befestigung von Trinkflaschen in Glasaquarien und Terrarien nicht ohne Probleme möglich. In diesem Fall kann man auf Modelle mit Saugnapf zurückgreifen oder die Flasche vom Gitter, das das Becken abdeckt, herabhängen lassen. Die gründliche Reinigung einer Trinkflasche stellt viele Halter vor ein Problem. Achten Sie deshalb beim Kauf einer solchen Tränke darauf, dass sie einen weiten Hals aufweist, damit sie problemlos mit einer Flaschenbürste zur Reinigung in die Flasche hineinkommen.

Vorsicht Gift!

Bei der Auswahl von Futtermitteln ist Vorsicht geboten, denn nicht alles, was für Menschen genießbar ist, ist für Steppenlemminge geeignet! Die Kerne von Steinobst (Kirsche, Pfirsich, Aprikose, Pflaume etc.) enthalten Blausäure, weshalb Sie diese entfernen müssen – das Fruchtfleisch ist natürlich ungefährlich für die Nager, man darf aber nicht zu viel Obst geben (Gefahr von Diabetes!) und auch keine zu plötzlichen Futterumstellungen praktizieren (Durchfall!). Beim Pfirsich ist die Blausäure auch in den Blättern enthalten; diese dürfen daher nicht verfüttert werden. Walnüsse und Mandeln sind ebenfalls blausäurehaltig. Aus den Inhaltsstoffen einer einzigen Bittermandel kann ca. 1 mg Blausäure gebildet werden – diese Dosis kann für Steppenlemminge bereits tödlich sein. Toxikologische Untersuchungen haben gezeigt, dass je nach Blausäureverbindung bereits 120–200 mg/kg Körpergewicht zum Tod von Nagetieren führen können (COMMITTEE ON ANIMAL NUTRITION 1978).

Das in den „Augen" der Kartoffeln und im Grün der Tomaten enthaltene Solanin ist für Steppenlemming ebenfalls gesundheitsschädlich. Kochen Sie deshalb Kartoffeln vor dem Verfüttern oder entfernen Sie die „Augen". Tomaten müssen ohne Grün verfüttert werden.

Beim Sammeln von Grünfutter in der Natur dürfen Sie nur solche Pflanzen pflücken, die Ihnen als geeignete Futterpflanzen bekannt sind. Unbekannte Pflanzen können giftig sein!

Auch bei der Gabe von Ästen sollten Sie stets vorsichtig agieren. Zweige von Obstbäumen können – sofern sie ungespritzt sind – unbedenklich verwendet werden. Dies gilt ebenso für die Äste der Kirsche, auch wenn sich hier hartnäckig das Gerücht hält, darin sei Blausäure enthalten. Lediglich auf die Gabe von Zweigen des Pfirsich muss verzichtet werden (s. o.).

Nadelhölzer sollten nicht angeboten werden, da die darin enthaltenen ätherischen Öle abstoßend auf die Lemminge wirken, auch ist eine Gesundheitsgefahr nicht auszuschließen. Außerdem liegen mir Berichte von Haltern vor, dass das in den Nadelbäumen enthaltene Harz vor allem bei Jungtieren zu Darmverschlüssen führen kann.

Beschäftigung durch Fütterung

Langeweile ist eine der Hauptursachen für die Ausbildung von Stereotypien. Deshalb sollte jedem Halter daran gelegen sein, seine Tiere zu beschäftigen. Dies kann einerseits durch die Anreicherung des Geheges (behavioural enrichment) mit diversen Gegenständen geschehen – dazu haben Sie oben schon etliche Tipps gelesen –, aber auch eine abwechslungsreiche Fütterung kann zur Vermeidung von Langeweile beitragen. Dabei sind die Möglichkeiten grenzenlos, wenn Sie Ihre Phantasie einsetzen.

Lassen Sie die Steppenlemminge sich ihr Futter erarbeiten, indem Sie es in eine leere Papprolle von Toiletten- oder Küchenpapier einfüllen und dann beide Enden mit ungefärbtem Toilettenpapier verschließen. Die Lemminge werden das Futter in der Rolle riechen und alles daransetzen, um heranzukommen.

Maiskolben und Kolbenhirse sind ebenso zweckmäßig für die „Beschäftigungstherapie" der Steppenlemminge, denn die Tiere müssen sich hier das Futter mühsam „herausklauben". Haben Sie die Möglichkeit, ungespritzten Mais zu bekommen, können Sie den kompletten Kolben mit Hüllblättern in das Gehege legen; dies verlangt noch mehr Anstrengung von den Lemmingen, um an die Körner zu gelangen und die Blätter können zudem als Nistmaterial dienen.

Von der Gehegedecke herabhängende Frischfutterstücke (Möhren, Sellerie etc.) nötigen den Tieren ebenfalls vollen Körpereinsatz ab, um ihr Futter zu erreichen.

Lemminge können aus den Maiskolben ihr Futter mühsam „herausklauben". Foto: C. Ehrlich

Dies sind nur einige wenige Anregungen, die für Abwechslung und Beschäftigung bei der Fütterung sorgen. Beobachten Sie Ihre Steppenlemminge und lassen Sie sich von ihnen zu weiteren „Fütterungstricks" inspirieren.

> **Tipp:** Verteilen Sie das Futter (Trocken und Frischfutter) einfach lose im ganzen Gehege, ohne es in einem Futternapf anzubieten! Ihre Steppenlemminge müssen dann deutlich mehr Zeit und Mühen aufwenden, um satt zu werden.

WIE VIEL, WIE OFT UND WANN?

Welche Futtermengen ein Steppenlemming täglich braucht, ist schwer zu sagen. Zum einen gibt es individuelle Unterschiede, zum anderen hängt das auch davon ab, welche „Leistung" ein Lemming erbringen muss. Trächtige und säugende Weibchen haben einen höheren Futterbedarf als „Junggesellen". Deshalb sollten Sie den Futterverbrauch Ihrer Steppenlemminge täglich kontrollieren. Sind Futterreste vom Vortag übrig geblieben, kann man die Futterration verringern. Haben die Lemminge das gesamte Futter gefressen, muss die Futtermenge erhöht werden. Dabei sollten Sie jedoch bedenken, dass die Lemminge einen Teil des Futters in ihren Gängen lagern. Reste des Frischfutters müssen aus hygienischen Gründen täglich entfernt werden.

Da das Frischfutter die wichtigste Nahrungsgrundlage darstellt, sollten Sie es in ausreichenden Mengen reichen. Ich achte immer darauf, dass ich meinen Steppenlemmingen so viel Frischfutter gebe, dass am nächsten Tag noch kleine Reste übrig bleiben. Dies auch vor dem Hintergrund, dass Steppenlemminge einen hohen Stoffwechsel haben und sehr schnell abmagern. Spätestens in der Zuchtphase treten dann bei einem solchen unterernährten Tier Probleme auf. Das Trockenfutter wird von mir hingegen rationiert. Pro Tier verfüttere ich einen Teelöffel Trockenfutter pro Tag.

Dem Trockenfutter werden in unregelmäßigen Abständen noch Grassamen oder Weizen zugemischt, auch Wildkräutersamen dienen der Ergänzung und Abwechslung. Gras- und Wildkräutersamen müssen im Futtermittelhandel erworben werden, da die Mischungen aus Bau- und Gartenmärkten meist mit Dünger versetzt sind. Beim Frischfutter werden die einzelnen Bestandteile im Wechsel angeboten, wobei ich täglich mindestens zwei Sorten reiche. Im Sommer wird das Frischfutter durch in der Natur selber gesammelte Kräuter und Gräser ergänzt.

Reichen Sie Ihren Steppenlemmingen Trinkwasser, muss dieses täglich gewechselt werden, um zu verhindern, dass sich Krankheitserreger im Wasser sammeln. Ideale Fütterungszeit für Ihre Steppenlemminge sind die frühen Abendstunden, da dies dem natürlichen Lebensrhythmus der Tiere entspricht!

Grünfutter sollte immer zur Verfügung stehen. Foto: C. Ehrlich

Steppenlemminge haben einen hohen Stoffwechsel und müssen deshalb große Mengen Futter aufnehmen. Foto: C. Ehrlich

LAGERUNG DES FUTTERS

FUTTERPLAN

Die folgende Übersicht soll Ihnen eine Anregung für Zusammensetzung und Menge des Futters geben:

Futterart	Trockenfutter	Frischfutter	tierisches Eiweiß
Zusammensetzung	70 % Wellensittich- oder Exotenfutter 20 % Kanarien- oder Waldvogelfutter 10 % Sesam	Möhren, Rote Beete, Petersilienwurzel, Sellerie, Staudensellerie, Steckrübe, Gurke, Feldsalat, Paprika, Zucchini, Topinambur, Petersilie, selbst gesammelte Pflanzen	Mehlwürmer kleine Heimchen 1/2 Teelöffel Insektenfutter 1/2 Teelöffel Eifutter
Menge	1 Teelöffel pro Tier/Tag	zur freien Verfügung	gelegentlich (nicht öfter als 1x pro Woche)

LAGERUNG DES FUTTERS

Damit die wichtigen Inhaltsstoffe des Futters, wie z. B. Vitamine, so lange wie möglich erhalten bleiben, sollten Sie das Futter kühl und trocken lagern. Halten Sie nur wenige Steppenlemminge und kaufen Sie geringe Futtermengen ein, kann das Futter in den Pappschachteln der Futterhersteller verbleiben. Sollte die Herstellerverpackung jedoch aus lichtdurchlässigem Material bestehen, empfiehlt sich das Umpacken in lichtundurchlässige Behälter, da Vitamine lichtempfindlich sind. Kaufen Sie größere Mengen Futter oder mischen Sie ihr Futter selbst, muss für einen geeigneten Behälter für die Aufbewahrung des Futters gesorgt werden. Loses Futter lagert man für einige Wochen am besten in lichtdichten Behältern, die aber nicht ganz luftdicht sollten. Ansonsten kann sich durch die Grundfeuchtigkeit der Saaten Kondenswasser bilden. Kann dieses nicht entweichen, weil der Behälter völlig luftdicht abschließt, kann es zu Schimmelbildung kommen. Gut geeignet zum Lagern von Saaten und Körnern sind kleine Plastiktonnen, die man im Baumarkt erwerben kann. Solche geschlossenen Behälter haben den Vorteil, dass sich eventuell mit einer Futtersorte eingeschleppte Milben oder Motten nicht auf den gesamten Futtervorrat ausbreiten können. Kontrollieren Sie das Futter in den einzelnen Dosen regelmäßig auf Schädlingsbefall. Sollte das Futter sonderbar riechen oder gar verklebt sein, könnte dies auf einen Befall mit Stärke fressenden Schädlingen hindeuten. Solche Tierchen sammeln sich meist am Boden des Futterbehälters. Befallenes Futter muss komplett entsorgt werden. Den betroffenen Behälter sollten Sie anschließend heiß auswaschen.

Eine sehr gute Lagerungsmöglichkeit bieten außerdem auch Jutesäcke oder Papiertüten, in denen der Luftaustausch gewährleistet ist. An einem trockenen, kühlen Ort aufbewahrt, kann sich so im Futter kein Schimmel ausbreiten. Der Nachteil dieser Aufbewahrungsmethode ist der fehlende Schutz vor Schädlingen.

Eine umstrittene Methode der Futterlagerung ist das Einfrieren. Einerseits schützt es das Futter vor Verderben und Schädlingsbefall, andererseits zerstört das Einfrieren aber auch Vitamine. Kaufen Sie deshalb lieber nur so viel Futter, wie Sie innerhalb von zwei Wochen verwenden können – dies erleichtert die Lagerung und sorgt dafür, dass Ihre Lemminge Futter erhalten, in dem noch alle wichtigen Nährstoffe enthalten sind.

Nur richtig gelagertes Futter enthält ausreichend Vitamine. Foto: C. Ehrlich

Ein gesunder Steppenlemming ist während seiner Aktivitätszeit neugierig und agil. Foto: C. Ehrlich

DER GESUNDE STEPPENLEMMING

Hygiene ist bei der Haltung von Steppenlemmingen oberstes Gebot, sonst können nicht nur die Lemminge, sondern auch Sie als Halter erkranken. Von Tieren auf den Menschen übertragende Krankheiten werden als Zoonosen bezeichnet; meist sind mangelhafte hygienische Zustände die Ursache solcher Probleme. Zu den übertragbaren Erregern gehören u. a. Salmonellen und Pilze, auch Milben können von den Tieren auf den Menschen übergehen. Selbst lebensbedrohliche Erkrankungen wie die Hirnhautentzündung können ihre Ursache in Umgang mit Heimtieren haben.

Mit dem Einhalten einiger Grundregeln lässt sich jedoch das Risiko einer Zoonose deutlich verringern. Waschen Sie sich die Hände, nachdem Sie die Steppenlemminge versorgt haben. Auch das regelmäßige Reinigen des Geheges dient der Vorbeugung. Verwenden Sie zur Grundreinigung heißes Wasser ohne Zusätze chemischer Reinigungsmittel, da deren Rückstände für Steppenlemminge schädlich sind. Die Benutzung von Desinfektionsmitteln oder Insektiziden ist bei sorgfältiger Säuberung des Geheges normalerweise überflüssig. Sollte sich der Einsatz dieser Mittel einmal nicht umgehen lassen (z. B. bei einem starken Befall mit Milben), sollten Sie ihn mit einem Tierarzt absprechen.

Es geht übrigens auch andersherum: Ihre Steppenlemminge können sich u. U. bei Menschen anstecken. Vermeiden Sie also den Kontakt zu ihren Tieren, wenn Sie selbst krank sind und waschen Sie sich vor dem Füttern etc. gründlich die Hände!

DER GESUNDHEITS-CHECK

Leider werden viele Erkrankungen bei Steppenlemmingen erst sehr spät erkannt, da die Tiere typischerweise Krankheitsanzeichen möglichst lange „verbergen wollen", denn kranke Exemplare sind die bevorzugte Beute von Raubtieren. Erkennen Sie bei Ihren Lemmingen deutliche Krankheitssymptome, wie Durchfall, Abmagerung oder apathisches Verhalten, kann es für eine Behandlung daher schon zu spät sein. Zur Gesundheitsvorsorge gehört deshalb die regelmäßige Überprüfung des Gesundheitszustands aller Tiere.

Täglich sollten Sie kontrollieren, ob alle Individuen fressen. Bei den nachtaktiven Steppenlemmingen kann dabei der nächtliche Futterverbrauch durch einen Kontrollblick am nächsten Morgen überprüft werden. Beobachten Sie Ihre Lemminge

DER GESUNDHEITS-CHECK

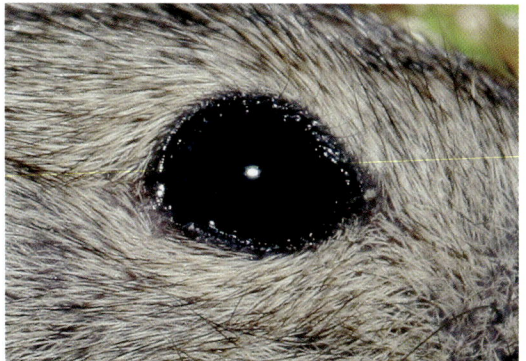

Ein gesunder Lemming hat klare und glänzende Augen.
Foto: C. Ehrlich

Ein struppiges Fell kann viele Ursachen haben.
Foto: R. Sistermann

zudem und überprüfen Sie das Verhalten der Tiere. Erscheint Ihnen ein Exemplar weniger lebhaft als üblich, kann das bereits ein wichtiger Hinweis auf eine Erkrankung sein. Beim Beobachten der Tiere sollte auch der Zustand des Fells beachtet werden: Gesunde Lemminge haben ein sauberes, glänzendes Fell ohne kahle Stellen, wohingegen struppiges oder lückenhaftes Fell auf eine Erkrankung hinweisen kann. Es kann sich dabei aber auch um Folgen von Rangeleien innerhalb einer Gruppe handeln.

Führen Sie neben dieser täglichen Kontrolle regelmäßig (z. B. alle 7–10 Tage) einen ausführlichen Gesundheits-Check durch. Bei zahmen Steppenlemmingen, die sich ohne Probleme anfassen lassen, ist dieser meist einfach – evtl. sogar während der normalen Beschäftigung mit dem Tier – durchzuführen. Schwieriger ist der Check bei scheuen Tieren, da hier durch den Stress, der bei der Kontrolle stattfindet, mehr Schaden angerichtet werden kann, als die Gesundheitskontrolle an Vorteilen bietet; setzen Sie solche Lemminge daher am besten in ein durchsichtiges Gefäß und fassen sie so wenig wie möglich an. In diesen Fällen muss also genau abgewogen werden, ob man die Nager einer solchen Prozedur unterziehen möchte.

Tipp: Um nicht normale Verhaltensweisen der Steppenlemminge als Krankheitsanzeichen zu interpretieren, sollte jeder Halter von Lemmingen Grundlegendes über die Lebensweise, das Verhalten und die Fortpflanzungsbiologie seiner Pfleglinge wissen. Auf diese Weise können Missverständnisse vermieden werden.

Bei der Durchführung des Gesundheits-Checks sollten Sie folgende Punkte beachten:

Fell. Ein gesunder Steppenlemming zeigt ein dichtes, glänzendes Fell. Struppiges und stumpfes Fell sind deutliche Indikatoren dafür, dass etwas an der Haltung nicht stimmt. Stress, falsche Ernährung, aber auch Erkrankungen können die Ursache hierfür sein. Kahle Stellen können durch Parasiten (z. B. Milben) oder Pilze verursacht werden. Streitigkeiten innerhalb einer Gruppe können aufgrund von Bissverletzungen auffallen.

Gesunde Lemminge sind lebhaft. Foto: M. Höhle

Augen. Trübe Augen ohne Glanz, die eventuell sogar eingefallen sind, aber auch Ausfluss oder Rötungen sind deutliche Hinweise auf eine Erkrankung. Hier sollte schnellstmöglich der Tierarzt aufgesucht werden. Kamillentee ist übrigens nicht geeignet, um die Augen zu reinigen; im Gegenteil, er reizt die Augen und kann seinerseits Entzündungen verursachen.

Gebiss. Ein gesundes Nagergebiss ist dadurch gekennzeichnet, dass sich die Zähne aus Ober- und Unterkiefer gegenseitig abnutzen. Fehlstellungen der Zähne führen zu mangelhafter Abnutzung, was übermäßiges Wachstum der Zähne auslöst. Unter Umständen kann das betroffene Tier nicht mehr selbstständig fressen, bzw. durch die überlangen Zähne kommt es zu Verletzungen im Rachen- oder Wangenbereich, was schwere Infektionen nach sich ziehen kann. Außer den Zähnen sollten Sie auch die Maulschleimhaut kontrollieren. Ist sie weißlich, oder besitzt sie mit Schorf überzogene Stellen, liegt entweder eine Mangelernährung oder eine Infektion (meist mit Pilzen) vor. Um den Stress durch das Öffnen des Mauls zu reduzieren, sollten Sie die Gebisskontrolle nur monatlich – dann aber sehr gewissenhaft – durchführen. Wehrt sich der Lemming sehr stark, muss die Prozedur abgebrochen werden, denn zu viel Stress kann einen Herzschlag auslösen! Bei Bedenken sollte der Halter einen erfahrenen Kleintierarzt aufsuchen, der die Kontrolle mit einem speziellen Instrument durchführen kann.

Ohren. Sie müssen sauber und ohne Schuppen bzw. Krusten sein, da ansonsten Infektionen oder Parasitenbefall vorhanden sein können.

Ausscheidungen. Dünnflüssige, meist übel riechende Durchfälle oder trüber, eventuell mit Blut versetzter Urin sind ernste Warnsignale! Suchen Sie in diesem Fall mit dem Pflegling sofort den Tierarzt auf.

After. Ein verklebter After ist ein eindeutiger Hinweis auf Durchfall. In diesem Fall müssen Sie schnellstens handeln, da der mit dem Durchfall einhergehende Flüssigkeitsverlust sonst schnell zum Austrocknen des Steppenlemmings führen kann. Ein erfahrener Tierarzt wird Ihnen helfen.

Neben den oben genannten Punkten sollten Sie zusätzlich regelmäßig das Gewicht des Lemmings bestimmen, da insbesondere Gewichtsveränderungen ein Hinweis auf entweder eine Trächtigkeit oder aber, im Falle einer drastischen Gewichtsreduktion, auf eine ernste Gesundheitsstörung sein können.

KRANKES TIER – WAS NUN?

Stellen Sie beim Gesundheits-Check Anzeichen für eine Erkrankung fest oder lässt das veränderte Verhalten eines Tieres auf eine Erkrankung schließen, sollte unverzüglich ein Veterinärmediziner aufgesucht werden. Leider verzichten viele Halter auf einen Tierarztbesuch (auch unter dem Hinweis auf die entstehenden Kosten, die den „materiellen" Wert des Tieres oftmals übersteigen), was für den erkrankten Pflegling leider oftmals fatale Folgen hat. Da Steppenlemminge nur über eine geringe Körpermasse verfügen, kann ein Gewichtsverlust, wie er bei Erkrankungen auftritt, schnell dazu führen, dass der komplette Körperhaushalt des Tieres entgleist. Dies verursacht dann schnell Verschlimmerungen der Symptome, gleichzeitig ist aber eine Behandlung kaum mehr möglich, da aufgrund des angegriffenen Gesundheitszustands und des zusätzlich verringerten Körpergewichts eine sinnvolle Dosierung von Medikamenten kaum mehr möglich ist. Also: Im Falle des Falles immer sofort zum Tierarzt!

Damit Sie im Fall einer Erkrankung Ihres Lemmings schnellstmöglich handeln können, ist es wichtig, sich bereits frühzeitig nach einem Tierarzt umzuschauen, der sich mit der Behandlung von Steppenlemmingen auskennt oder bereit ist, sich in die entsprechende Literatur einzulesen.

ERSTE MAßNAHMEN

Ein erkranktes Tier muss sofort von seinen Artgenossen getrennt werden, um eine eventuelle Ansteckung und unnötigen Stress zu verhindern. Aus diesem Grund sollten Sie einen separaten „Krankenkäfig" griffbereit halten. Ideal für kranke Lemminge sind Klarsichtboxen bzw. Plastikterrarien, da sie leicht zu reinigen sind. Als Einstreu leistet unbedrucktes Küchenpapier gute Dienste. Es kann schnell gewechselt werden und sorgt somit für gute hygienische Zustände.

Für erkrankte Tiere ist vor allem eine ausreichende Wärmezufuhr wichtig. Hierfür können Sie

Umgang mit Medikamenten/Einige Erkrankungen der Steppenlemminge

Kranke Steppenlemminge brauchen energiereiches Futter.
Foto: C. Ehrlich

Steppenlemming mit einer Bisswunde am Auge
Foto: R. Sistermann

Wärmematten oder Heizstrahler aus der Terraristik verwenden. Dabei gilt es jedoch nicht zu übertreiben: Hängen Sie den Wärmestrahler nur über eine Seite des Krankenkäfigs und lassen Sie den Lemming sich den Temperaturbereich, in dem er sich aufhalten möchte, selbst wählen. An der wärmsten Stelle sollte die Temperatur dabei so eingestellt sein, dass man sie, wenn man die Hand an der Wärmequelle auf den Käfigboden auflegt, als angenehm empfindet. Heizmatten sollten nie unter dem gesamten Käfig liegen, sondern nur unter etwa einem Drittel. Achten Sie bei der Installation solcher technischen Hilfsmittel immer darauf, dass weder Tier noch Mensch durch Stromschläge gefährdet sind oder sich Verbrennungen zuziehen können.

Durch die höhere Temperatur kann es schnell dazu kommen, dass der erkrankte Lemming austrocknet. Deshalb braucht er unbedingt Trinkwasser, das regelmäßig gewechselt werden muss.

Umgang mit Medikamenten

Leider kann man immer wieder beobachten, dass Halter bei der Erkrankung ihrer Steppenlemminge eigenmächtig zu therapieren versuchen. Dabei ist eine medikamentöse Behandlung nur dann sinnvoll und erfolgversprechend, wenn zuvor eine genaue Diagnose der Erkrankung erstellt wurde. Dies wird der normale Halter jedoch in den seltensten Fällen gewährleisten können.

Ist die Behandlung mit Hausmittelchen oder homöopathischen Medikamenten zumindest fragwürdig, so ist der vollkommen bedenkenlose Umgang mit Antibiotika geradezu sträflich und verboten. Nicht nur, dass bei falscher Antibiotikagabe keine Heilung eintritt (im Gegenteil: Die Tiere werden zusätzlich geschwächt), der unsachgemäße Einsatz von Antibiotika führt auch unweigerlich zur Ausbildung von Resistenzen bei den Erregern, die eine Behandlung in der Folge erschweren. Aus diesem Grund sollten (und dürfen) Sie Antibiotika nur nach Verordnung des Tierarztes einsetzen.

Einige Erkrankungen der Steppenlemminge

Krankheiten können durch verschiedenste Ursachen hervorgerufen werden. Neben Mangelerscheinungen, durch falsche Ernährung verursacht, treten bei Steppenlemmingen wie bei allen Säugern auch bakterielle und Viruserkrankungen auf. An dieser Stelle sollen einige der häufiger vorkommenden Krankheiten erläutert werden. Bemerken Sie diese Erkrankungen und Verletzungen bei Ihrem Pflegling, sollten Sie mit ihm unverzüglich den Tierarzt aufsuchen.

Erkältung
Erstes Anzeichen ist oftmals ein eitriger Nasenausfluss, gefolgt von Augenentzündungen und Niesen. Leider sind die Symptome nicht krankheitstypisch

und treten nicht in allen Fällen auf. Verursacht werden kann die Erkältung durch Zugluft, feuchte Einstreu und zu geringe Raumtemperatur. Als Sofortmaßnahme muss der erkrankte Lemming in einen wärmeren Raum verbracht werden oder die Möglichkeit haben, sich unter einem Strahler aufzuwärmen; (s. o.). Ohne Behandlung kann sich aus einer Erkältung eine Pneumonie (Lungenentzündung) entwickeln. Aus diesem Grund sollte, wenn die Symptome nach einem Tag nicht abgeklungen sind, unverzüglich ein Tierarzt konsultiert werden, um eine genaue Diagnose zu erstellen und somit die Behandlungsmöglichkeiten zu optimieren.

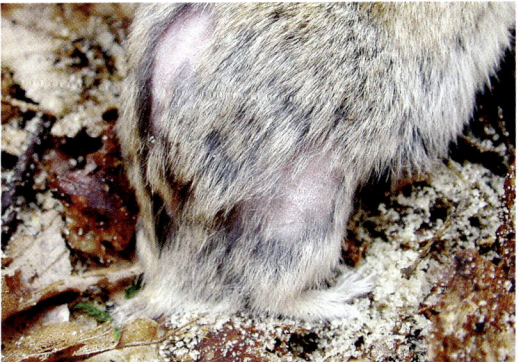

Felllücken können durch Parasiten verursacht werden.
Foto: M. Höhle

Durchfall

Durchfall kann durch verschiedene Erreger verursacht werden. Neben Salmonellen sind Kolibakterien häufig die Auslöser der Verdauungsstörungen. Die Ursache des Durchfalls kann allerdings auch harmlos sein, z. B. die Verfütterung von Grünfutter oder nassem Heu. Ein typisches Symptom für Durchfall ist neben breiigem oder dünnflüssigem Kot auch kotverschmiertes Fell am After. Da die Körpermasse von Steppenlemmingen gering ist, besteht die Gefahr, dass sie bei anhaltendem Durchfall dehydrieren (austrocknen). Stellen Sie Ihren an Durchfall erkrankten Tieren daher sofort (!) ausreichend Wasser zur Verfügung. Trinken die Nager nicht selbst, muss ihnen das Wasser mittels einer Pipette eingeflößt werden. Um die weitere Behandlung abzusprechen und die genaue Ursache für den Durchfall zu klären, ist ein Tierarztbesuch empfehlenswert.

Wurmbefall

Würmer sind typische Parasiten des Darmbereichs, wo sie sich von der vom Wirt aufgenommenen Nahrung ernähren. Die meisten dieser Parasiten müssen im Laufe ihrer Entwicklung einen Wirtswechsel vornehmen, wobei sowohl Insekten (z. B. Schaben, Mehlwürmer) als auch Säuger als Zwischenwirt dienen können.

Da einige der bei Lemmingen (und fast allen anderen Heimtieren) vorkommenden Würmer auch vom Menschen aufgenommen werden können, auch wenn er nicht der eigentliche Endwirt ist, ist absolute Hygiene die einzig erfolgversprechende Prävention. Ein Befall ist bei Steppenlemmingen generell nie auszuschließen, da z. B. Heu, aber auch Futter mit Wurmeiern kontaminiert sein können. Da diese Eier äußerst widerstandsfähig sind, ist ihnen kaum beizukommen. Lediglich die adulten Würmer lassen sich gut bekämpfen. Die gängigen Entwurmungsmittel „lähmen" die im Darm befindlichen Würmer, sodass sie sich nicht mehr im Darm verkrallen können und ausgeschieden werden. Gegen Eier sind diese Mittel jedoch wirkungslos, weshalb Wurmkuren regelmäßig wiederholt werden müssen, um eine dauerhafte Wurmfreiheit zu garantieren. Von einer Daueranwendung von Entwurmungsmitteln, wie es beispielsweise bei Katzen praktiziert wird, sei jedoch abgeraten. Die Mittel können den winzigen Organismus schädigen und sollten daher wirklich nur bei erwiesenem Wurmbefall eingesetzt werden.

Wenn Ihre Steppenlemminge plötzlich abmagern, ohne dass ein Grund ersichtlich wäre, kann dies an einem Befall mit Würmern liegen. Ein sicherer Nachweis kann beim Tierarzt mittels Kotproben erfolgen. Der Veterinär kann dann auch über die weiteren Maßnahmen (Dosis etc.) entscheiden.

Ektoparasiten

Wenn sich Ihre Steppenlemminge unnatürlich oft putzen oder kahle Stellen im Fell zeigen, kann dies an Hinweis auf Ektoparasiten sein. Diese leben außen auf dem Wirt – im Gegensatz zu Endoparasiten, die in dessen Körper auftreten. Milben, Flöhe und Läuse sind typische Vertreter der Ektoparasi-

Einige Erkrankungen der Steppenlemminge

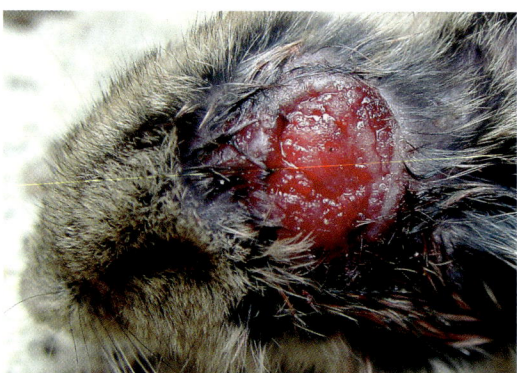

Wunden müssen sorgfältig gereinigt werden. Foto: M. Höhle

Kranke Lemminge magern stark ab. Foto: R. Sistermann

ten. Verunreinigte Einstreu, kontaminiertes Futter oder Heu sowie neue Tiere können die Ursache für einen Parasitenbefall sein.

Haben Sie den Verdacht auf eine Parasitose, sollten Sie Haut und Fell Ihrer Tiere genau absuchen. Dazu streichen Sie den Lemmingen gegen den Strich durch das Fell, eventuell entdecken Sie dabei die Parasiten. Ansonsten können Sie auch ein weißes Tuch über Nacht über das Gehege legen. Halten Sie es am nächsten Morgen gegen das Licht – meist kann man die kleinen Plagegeister dann erkennen. In diesem Fall bringen Sie Ihre Steppenlemminge schnellstmöglich zum Tierarzt und berichten Sie von Ihrer Entdeckung. Der Veterinär wird dann feststellen, um welche Art von Ektoparasit es sich handelt, und das entsprechende Mittel auswählen. Milben gehören zu den häufigsten Ektoparasiten. Sie lassen sich leicht mit einem Milbenspray oder -puder bekämpft. Verwenden Sie jedoch ausschließlich das vom Tierarzt empfohlene Mittel. Zu hoch dosierte oder ungeeignete Mittel können die kleinen Steppenlemminge nämlich vergiften.

Deutlich seltener treten Läuse bei Steppenlemmingen auf. Mittels entsprechender Kontaktgifte kann ein Befall mit Läusen gut bekämpft werden.

Der Befall mit Hunde- oder Katzenflöhen ist eher selten, selbst wenn diese Vierbeiner in Ihrer Wohnung leben. Verirrt sich ein Hunde- oder Katzenfloh auf einen Lemming, wird er diesen bald wieder verlassen, da er für ihn kein geeigneter Wirt ist.

Bei einem Befall mit Ektoparasiten muss schnell gehandelt werden, da er u. a. zu Blutarmut führen kann! Achten Sie deshalb beim Gesundheits-Check auf verdächtige Anzeichen. Mittel gegen Ektoparasiten sollten nach Möglichkeit nicht bei trächtigen und säugenden Weibchen angewandt werden.

Allergien

Nicht nur Menschen leiden an Allergien, auch Ihre Lemminge können betroffen sein. Berichte über Allergien bei Tieren häufen sich in jüngster Zeit, allerdings sollte das Risiko einer Allergie nicht überbewertet werden. Treten bei Ihren Lemmingen kahle Stellen im Fell oder Niesen auf, ohne dass sich eine organische Ursache finden ließe, kann dies ein Hinweis auf eine Allergie sein. Die Ursache für die Allergie können Sie nur durch systematische Analysen herausfinden. Entfernen Sie nach und nach alle Stoffe (Futter, Einstreu etc.), die allergieauslösend sein könnten. Nun müssen Sie Ihre Steppenlemminge genau beobachten – meist fühlen diese sich in dem Moment besser, in dem das Allergen (der die Allergie auslösende Stoff) verschwunden ist. Die Suche nach dem Allergen ist allerdings zeitaufwändig und mühsam. Ein Tipp: Sehr häufig sind Staub oder ätherische Öle in der Einstreu der Grund.

Hitzschlag

Sind Ihre Steppenlemminge schutzlos starker Sonneneinstrahlung ausgesetzt, oder kommt es zur Überhitzung des Geheges, besteht die Gefahr des Hitzschlages. Vor allem bei Aquarien oder Terrarien, die im direkten Sonnenlicht stehen, besteht die große Gefahr eines Hitzestaus. Auch bei einem

Transport an heißen Sommertagen müssen Sie darauf achten, dass sich in der Transportbox die warme Luft nicht stauen kann. Sorgen Sie für eine gute Durchlüftung, vermeiden Sie jedoch Zugluft. Steppenlemminge mit Hitzschlag liegen meist teilnahmslos in ihrem Gehege, ihre Atemfrequenz ist deutlich erhöht. Bringen Sie betroffene Tiere sofort an einen kühleren Ort und sorgen Sie dafür, dass sie Flüssigkeit aufnehmen. Da der geschwächte Körper der Lemminge nicht nur Wasser, sondern auch Mineralstoffe braucht, sollten Sie einen Tierarzt aufsuchen, der den Tieren eine Elektrolytlösung verabreicht. Keinesfalls sollten den Lemmingen Mineralwasser oder gar Salzwasser verabreichen – dies würde zum endgültigen Entgleisen des Elektrolythaushalts und damit zum Tod der Tiere führen.

Tumoren und Abszesse

Während junge Steppenlemminge kaum zur Tumorbildung neigen, kommen Tumoren bei älteren Lemmingen ab einem Alter von 1,5 Jahren durchaus vor. Die generelle Disposition zur Ausbildung von Tumoren hat letztlich auch dazu geführt, dass Steppenlemminge in der Tumorforschung eingesetzt wurden und werden. Bei den als Heimtieren gehaltenen Tieren ist die Bildung von Tumoren jedoch eher selten zu beobachten. Bei den ersten Anzeichen eines Tumors, wie kugelförmigen Gewebeansammlungen oder Knoten unter der Haut, ist der Gang zum Tierarzt unumgänglich. Er muss nun zunächst diagnostizieren, ob es sich bei den Veränderungen um einen Tumor, ein Geschwür oder einen Abszess handelt.

Bei einem Geschwür, also einer durch Gewebszerfall an Haut und/oder Schleimhaut verursachten Oberflächenzerstörung, kann eine Behandlung mittels Medikamentengabe durchgeführt werden. Ein Tumor hingegen lässt sich nur durch einen operativen Eingriff entfernen. In diesem Fall sollten Sie sich mit dem Tierarzt beratschlagen, ob die Beseitigung des Tumors sinnvoll und wie hoch das Risiko für den Steppenlemming ist. Gerade bei älteren Tieren ist die für die Operation notwendige Anästhesie meist risikoreicher als der Tumor selber. Kann der Lemming auch mit dem Tumor ohne Einschränkungen und große Schmerzen leben, ist von einem Eingriff abzuraten.

In vielen Fällen stellt sich bei einer genaueren Untersuchung des Knotens heraus, dass es sich dabei um einen Abszess handelt. Eine solche Eiteransammlung kann meist vom Tierarzt problemlos eröffnet werden, sodass der Eiter abfließt. Versuchen Sie nie selbst, den Abszess zu öffnen! Trotz medikamentöser Behandlung zeigen sich einige Abszesse als sehr hartnäckig und kehren immer wieder. Werden sie dann nicht erneut eröffnet, kann sich der Eiterherd im Körper ausbreiten und schließlich zum Tod des betroffenen Tieres führen.

Diabetes

Wühlmäuse, zu denen die Steppenlemminge ja gehören, neigen – wie bereits mehrfach betont – zu Diabetes. Um das Ausbrechen der Erkrankung zu verhindern, sollte die Ernährung so gestaltet werden, dass den Tieren nur geringe Mengen Einfachzucker zugeführt werden. Gemüse ist deshalb als Grünfutter besser geeignet als Obst. Das Auftreten der Erkrankung wird von vielen Haltern überhaupt nicht bemerkt. Typische Symptome sind starker Durst, häufiges Urinabsetzen (Polyurie) und unerklärliche Gewichtsabnahme. Treten diese Anzeichen bei Ihren Steppenlemmingen auf, können sie mittels Teststäbchen aus der Apotheke den Urin der Tiere auf diese Erkrankung hin untersuchen. Eine Behandlung ist nicht möglich, allerdings sollte nach Feststellen der Diabetes die Fütterung entsprechend umgestellt werden. Bei männlichen Steppenlemmingen kann Diabetes zu Unfruchtbarkeit führen.

Wunden

Wunden können verschiedene Ursachen haben, meist sind sie jedoch die Folge von Beißereien. Stellen Sie fest, dass einer Ihrer Steppenlemminge Hautverletzungen aufweist, sollten Sie nicht nur versuchen, die Wunden zu versorgen, sondern vor allem auch nach der Ursache suchen. Kommt es innerhalb der Gruppe oder des Paares zu ernsthaften Streitereien, müssen die Tiere getrennt werden. Zunächst steht dann die sofortige Wundversorgung an, im Anschluss kann eine erneute Vergesellschaftung versucht werden – diese wird aber meist erfolglos bleiben.

Um eine Infektion der Wunde zu vermeiden, sollte das verletzte Tier in eine „Krankenbox" (z. B. „Fauna-Box") gesetzt werden. Als Bodengrund für die Box empfiehlt sich unbedrucktes Küchenpapier, da dieses – anders als normale Einstreu – nicht mit der Wunde verkleben kann. Sie können dann versuchen, die Wunde zu reinigen. Hierbei leistet ein Wattestäbchen gute Dienste. Zur Wundreinigung können Sie sterile Kochsalzlösung verwenden, die sie in jeder Apotheke erhalten. Von der Behandlung mit anderen Desinfektionsmitteln (z. B. Mercurochrom, Betaisodona) rate ich ab, da sie schwere allergische Reaktionen hervorrufen können. Zeigt sich innerhalb kurzer Zeit keine deutliche Besserung, müssen Sie einen Tierarzt aufsuchen!

Brüche und innere Verletzungen

Stürze aus größerer Höhe führen bei Steppenlemmingen schnell zu Knochenbrüchen und inneren Verletzungen. Nach einem Sturz sind viele Tiere kurzzeitig benommen, oder es kommt zu Krämpfen. Beobachten Sie in diesem Fall das gestürzte Tier genau. Wirkt es apathisch oder schont es eine Gliedmaße, ist ein schneller Tierarztbesuch unumgänglich.

Zahnprobleme

Zahnprobleme sind bei artgerechter Ernährung und ausreichend Material zum Nagen im Gehege eher selten. Da die Schneidezähne ein Lemmingleben lang wachsen, müssen sie regelmäßig abgeschliffen werden. Dies geschieht zum einen durch das Nagen an hartem Material und zum anderen durch das Reiben am gegenüberstehenden Schneidezahn.

Bei fehlender Gelegenheit zum Nagen schleifen sich die Zähne nicht ab. Die Folge sind ständig länger wachsende Zähne. Diese können dann in den Gaumen einwachsen, was für das Tier große Schmerzen bedeutet. Abhilfe kann nur ein Kürzen der Zähne bringen. Diese Maßnahme ist von einem Tierarzt durchzuführen, da bei unsachgemäßer Behandlung ein kompletter Zahn absplittern oder abbrechen kann.

Vor allem bei älteren Steppenlemmingen kommt es auch zu Zahnfehlstellungen. Es kann auch passieren, dass nach einem Unfall ein Schneidezahn eines Lemmings abbricht. Dies hat zur Folge, dass sich der gegenüberliegende Zahn nun nicht mehr abschleift und weiter wächst. Bis der abgebrochene Zahn wieder nachgewachsen ist, muss der verbliebene daher regelmäßig kontrolliert und gekürzt werden. Zusätzlich muss man kontrollieren, ob das betroffene Tier noch ausreichend Nahrung aufnehmen kann und ggf. Brei reichen.

Lemming mit schwerer Bisswunde Foto: M. Höhle

Wenn das Ende naht

Steppenlemminge haben aufgrund ihres hohen Stoffwechsels nur eine geringe Lebenserwartung. Selten werden sie älter als zweieinhalb Jahre, die meisten sterben sogar im Alter von zwei Jahren. Dieses Alter erreichen sie aber nur bei optimaler Ernährung und guter Pflege. Es liegt also auch in Ihrer Hand, wie lange Sie an Ihren Steppenlemmingen Freude haben. Dennoch ist das Ende absehbar. Setzen Sie sich deshalb rechtzeitig mit dem Tod des Tieres auseinander. Vor allem Kindern muss der bevorstehende Tod erklärt werden.

Zu den Pflichten eines gewissenhaften Tierhalters gehört es auch, dem Tier sein Leiden zu nehmen, wenn es erforderlich ist. Dies ist sicherlich eines der schwierigsten Kapitel in der Tierhaltung, aber man sollte ein Tier nicht unnötig leiden lassen, nur um den Abschied hinauszuzögern.

DIE NACHZUCHT

Steppenlemminge sind extrem vermehrungsfreudige Nagetiere, die innerhalb kürzester Zeit eine Vielzahl an Jungtieren hervorbringen können. Vor diesem Hintergrund sollten Sie ihre Motive vor Beginn der Nachzucht durchaus kritisch hinterfragen. Es gibt einige gute Gründe, die für eine Vermehrung sprechen. So gehört es sicherlich zu den interessantesten Erfahrungen bei der Haltung von Steppenlemmingen, die Betreuung der Jungtiere und deren Aufwachsen zu beobachten. Auch entspricht die Nachzucht dem natürlichen Bedürfnis der Tiere nach Fortpflanzung und trägt somit zur artgerechten Haltung bei. Sie müssen sich jedoch bewusst sein, dass die Vermehrung einigen Mehraufwand an Pflege und Betreuung mit sich bringt. So entsteht mehr Schmutz, der häufigere Reinigungen der Käfige nach sich zieht. Trächtige oder säugende Weibchen benötigen eine genaue Beobachtung, um bei eventuell auftretenden Komplikationen sofort eingreifen zu können.

Auch die Platzfrage muss im Vorfeld geklärt sein. Können Sie die Unterbringung der Jungen nach der Entwöhnung sicherstellen? Gerade junge Männchen werden häufig aus der Gruppe verstoßen. Werden die Jungtiere bei den Eltern belassen, kann es zu Verletzungen oder gar Todesfällen kommen. Nicht in jedem Fall werden Sie die Jungtiere schnell vermittelt bekommen, sodass Sie diese bis zur Abgabe gesondert unterbringen müssen.

Die Aufzucht junger Steppenlemminge ist ein faszinierendes Erlebnis. Foto: C. Ehrlich

Die Auswahl der Zuchttiere

Die Auswahl der Zuchttiere muss mit großer Sorgfalt erfolgen.
Foto: M. Höhle

Nur gesunde Tiere eignen sich zur Zucht.
Foto: M. Höhle

Vor Zuchtbeginn stellt sich die Frage nach der Unterbringung der Jungtiere. Foto: C. Ehrlich

Nicht zuletzt sollte auch die Vermittlung der Jungtiere sorgfältig geplant werden, bevor die Elterntiere verpaart werden. Einfach aufs Geratewohl Nachwuchs zu produzieren, ist unverantwortlich! In vielen Fällen wächst solchen „Züchtern" das Problem schnell über den Kopf, und die Tiere landen letztendlich bestenfalls im Tierheim. Ein verantwortungsbewusster Züchter dagegen nimmt nur Verpaarungen vor, wenn er entweder die Jungtiere selbst unterbringen kann oder bereits Abnehmer für die Jungtiere hat.

Die Auswahl der Zuchttiere

Grundlage einer erfolgreichen Nachzucht sind gesunde und kräftige Zuchttiere. Setzen Sie nur Steppenlemminge für die Vermehrung ein, die gesund und kräftig sind. Kranke oder gar behinderte Lemminge sind als Zuchttiere ungeeignet, da die Gefahr besteht, dass Gendefekte vererbt werden. Wesentlicher Gesichtspunkt neben dem Gesundheitsstatuts der Zuchttiere ist das verwandtschaftliche Verhältnis der Lemminge zueinander. Um dauerhaft stabile Stämme aufbauen zu können, sollte Inzucht so weit wie möglich vermieden werden. Durch Inzucht können sich z. B. Erbkrankheiten verfestigen und verbreiten. Weitere Folgen der Inzucht können die Abnahme der Jungtierzahl eines Wurfes oder Entwicklungsstörungen der Jungen sein. Achten Sie deshalb bei der Nachzucht auf Auffälligkeiten. Steppenlemminge, die regelmäßig Würfe unter fünf

Geschlechtsbestimmung/Zuchtfähiges Alter

Jungtieren haben oder schwächliche Junge großziehen, müssen ebenfalls aus der Zucht genommen werden – dies gilt selbstverständlich auch für ihre Jungen. Bedenken Sie dabei aber, dass der erste Wurf eines jungen Paares meistens kleiner ist als die nachfolgenden.

Achten Sie bei der Auswahl ihrer Zuchttiere auch auf deren „Charakterzüge". Aggressive Steppenlemminge oder Tiere, die ihre Jungtiere nicht zuverlässig aufziehen, sind als Zuchttiere ungeeignet. Ziehen Sie dennoch mit solchen Lemmingen nach, können sich die negativen Eigenschaften auf nachfolgende Generationen übertragen.

Geschlechtsbestimmung

Die Mindestvorrausetzung für den Beginn der Nachzucht ist natürlich der Besitz eines geeigneten Pärchens. Hier beginnt aber gerade für den Anfänger bereits das Problem, denn die Geschlechtsbestimmung ist zumindest bei jungen Steppenlemmingen nicht ganz einfach. Bei älteren Tieren, die bereits geschlechtsreif sind, ist die Unterscheidung zwischen den Geschlechtern hingegen relativ einfach möglich. Nehmen Sie dazu den Lemming in die Hand und drehen Sie ihn auf den Rücken, damit Sie die Genitalien sehen können. Bei männlichen Steppenlemmingen ist der Abstand zwischen Anus und Geschlechtsöffnung größer als bei den Weibchen. Bei geschlechtsreifen Männchen kann man zudem die Hoden erkennen. Aber Vorsicht, viele Steppenlemminge mögen diese Prozedur überhaupt nicht und beißen dabei heftig zu. Andere Lemminge zappeln die ganze Zeit, sodass man kaum in Ruhe schauen kann. Lassen Sie sich und den Tiere deshalb Zeit. Ist das Tier zu unruhig, probieren Sie es zu einem späteren Zeitpunkt erneut. Eine Alternative kann es zudem sein, den Lemming für die Geschlechtsbestimmung in eine Heimchendose mit durchsichtigem Boden zu setzen und das Tier von unten zu betrachten.

Für Anfänger ist es empfehlenswert, die Hilfe eines erfahrenen Züchters in Anspruch zu nehmen. Dieser kann Ihnen entscheidende Tipps zur Geschlechtsbestimmung geben. Fangen Sie erst mit geschlechtsreifen Tieren an und schauen Sie sich die Unterschiede zwischen Männchen und Weibchen

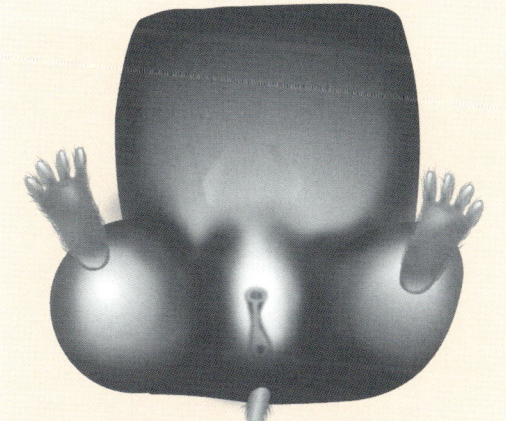
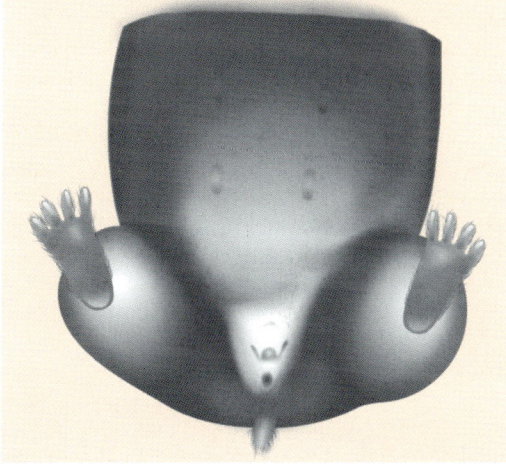

Bei adulten Steppenlemmingen sind die Geschlechtsunterschiede zwischen Männchen (oben) und Weibchen (unten) deutlich zu erkennen.

an. Wenn Sie dann ausreichend Sicherheit haben, können Sie sich auch an die Geschlechtsbestimmung jüngerer Lemminge wagen.

Zuchtfähiges Alter

Um die kurze Vegetationsperiode in ihrer natürlichen Umgebung optimal auszunutzen, werden Steppenlemminge schon mit etwa vier Wochen geschlechtsreif. So können die Jungtiere des ersten Wurfes noch im selben Jahr für eigenen Nachwuchs

Paarung, Trächtigkeit und Geburt

Lemminge sollten nicht zu früh zur Zucht eingesetzt werden.
Foto: C. Ehrlich

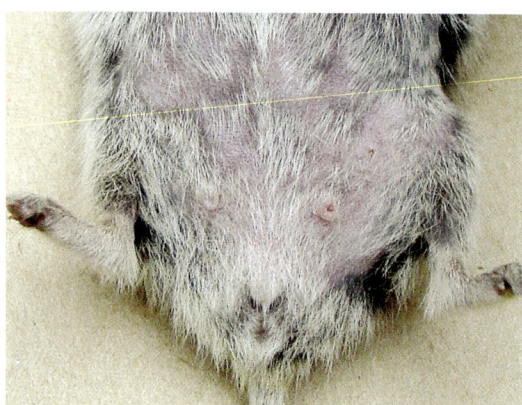

Bei adulten Weibchen sind die Zitzen deutlich sichtbar.
Foto: M. Höhle

sorgen. Welches Alter aber eignet sich am besten für den Beginn der Nachzucht? Da die Steppenlemminge in Menschenobhut stets gleich bleibende Bedingungen vorfinden, sind sie nicht auf eine frühe Geschlechtsreife angewiesen. Trotzdem können junge Weibchen schon im Alter von vier Wochen gedeckt werden. Eine so frühe Trächtigkeit ist aber keinesfalls anzustreben, da sie zu gesundheitlichen Schäden führen kann. So kommt es vor, dass ein zu junges Weibchen, das selbst noch nicht ganz ausgewachsen ist, den Wurf nicht überlebt oder mit den Jungtieren nichts anzufangen weiß und sie auffrisst.

Das ideale Alter für eine Verpaarung liegt bei drei Monaten. Zu diesem Zeitpunkt sind die Tiere ausgewachsen und kräftig genug, um Jungtiere großzuziehen. In einem Alter von 1,5–2 Jahren sollten die Tiere dann aus der Zucht genommen werden. Die Zahl der Jungtiere pro Wurf nimmt bei diesen Lemmingen meist deutlich ab, oder die Würfe bleiben ganz aus. Oftmals sind die Jungtiere solcher „alten" Eltern deutlich schwächer als die jüngerer Tiere. Es gibt aber auch Gegenbeispiele. So pflege ich ein Zuchtpaar, das selbst im stolzen Lemmingalter von 2 Jahren noch Würfe mit acht kräftigen Jungtieren aufzieht.

Paarung, Trächtigkeit und Geburt

In ihrem natürlichen Lebensraum liegt die Paarungszeit der Steppenlemminge in den Monaten April bis Oktober, nur in Ausnahmefällen kommt es auch im Winter zu Würfen. Die von uns gehaltenen Lemminge pflanzen sich hingegen das ganze Jahr hindurch fort. Über Licht und Futter können Sie die Paarungsbereitschaft allerdings ein wenig beeinflussen. Kürzere Lichtphasen und sparsamere Fütterung verringern den Willen zur Fortpflanzung. Das Licht spielt bei der Gonadenfunktion eine wichtige Rolle: Je länger die Lichtphase dauert, desto mehr Sexualhormone werden gebildet.

Die Vermehrung von Steppenlemmingen ist im Normalfall vollkommen unkompliziert. Wenn man ein Paar, bestehend aus Männchen und Weibchen, in einem Gehege hält, ist es fast unmöglich, keinen Nachwuchs zu bekommen. Dennoch gibt es auch Paare, bei denen der Nachwuchs ausbleibt. Hier sind Sie als Züchter gefragt. Beobachten Sie die Tiere genau, um die Ursachen herauszufinden. Kommt es zwischen den Lemmingen immer wieder zu heftigen Streitigkeiten und Beißereien, sollten die Partner getauscht werden. Doch Vorsicht, die Paarung der Steppenlemminge läuft meist mit einigem Gequietsche ab, ohne dass dies auf Disharmonie schließen ließe. In manchen Fällen reicht es auch aus, das Männchen für einige Tage aus dem Gehege zu entfernen. Beim erneuten Zusammensetzen ist dann aber Vorsicht geboten, um bei evtl. Streitigkeiten sofort eingreifen zu können (siehe „Vergesellschaftung – aus Fremden werden Freunde").

Der eigentlichen Paarung geht erfahrungsgemäß

Paarung, Trächtigkeit und Geburt

Das Nest von Steppenlemmingen wird mit Moos, Heu und anderem Polstermaterial ausgestattet. Foto: M. Höhle

eine regelrechte Verfolgungsjagd voraus, in der das Männchen das Weibchen vor sich her treibt. Dabei kann es vorkommen, dass das Weibchen laut quietscht. Ist das Weibchen dann paarungsbereit, hält es an und hebt seinen Schwanz. Das Lemmingmännchen wird dann das Weibchen von hinten begatten. Der ganze Vorgang dauert nur wenige Sekunden, wird dafür aber mehrmals wiederholt.

Ist der Deckakt gelungen und das Weibchen trächtig, zeigt sich dies an der Zunahme des Körperumfangs und an einem gesteigerten Aggressionsverhalten. Nach etwa 20 Tagen werden dann die Jungtiere geboren.

Während der Trächtigkeit und der Aufzucht der Jungen ist die ausreichende Versorgung des Lemmingweibchens mit Nährstoffen Grundlage, um gesunde und kräftige Jungtiere zu erzielen. Großes Augenmerk müssen Sie deshalb in dieser Zeit der Fütterung widmen. Sie muss alle lebenswichtigen Vitamine enthalten, vor allem Vitamin E ist für die Entwicklung der Jungtiere wichtig. Greifen Sie aber nicht zu käuflichen Vitaminpräparaten, oder sprechen Sie deren Einsatz mit einem Tierarzt ab, da auch Vitaminüberdosierungen zu Gesundheitsschäden führen können.

Seine Jungen wird das Lemmingweibchen in einer gut ausgepolsterten „Wurfhöhle" zur Welt bringen. Reichen Sie Ihren Steppenlemmingen deswegen genügend Polstermaterial. Heu, Toiletten- und Küchenpaper (unbedruckt) sowie Moos werden hierzu vom Lemmingweibchen in die von ihm ausgesuchte Höhle eingetragen. Nach der oben schon erwähnten Tragzeit von etwa 20 Tagen werden dann die meist 6–8 Jungtiere geboren, die bei ihrer Geburt nackt und blind sind. Zu diesem Zeitpunkt wiegen sie gerade 1 g. Direkt nach der Geburt frisst das Lemmingweibchen Fruchthülle und Nabelschnur. Dies dient der Hygiene, führt dem Weibchen wichtige Nährstoffe zu und soll verhindern, dass Fressfeinde den Geruch der Geburt wahrnehmen.

Pflege und Entwicklung der Jungtiere

Junge Steppenlemminge Foto: R. Sistermann

Bereits mit 13 Tagen besitzen die jungen Lemminge Zähne.
Foto: M. Höhle

Die Geburt selbst läuft im Stillen ab. Sie können die Anwesenheit der Jungtiere aber an deren Fieptönen feststellen. Jetzt gilt:

Allzu große Neugierde schadet! Wer ständig in das Nest hereinschaut oder gar die Jungen berührt, darf sich nicht wundern, wenn das Weibchen diese verlässt oder gar frisst. Gönnen Sie Mutter und Jungtieren Ruhe, vermeiden Sie vor allem in der ersten Woche Störungen und unterlassen Sie größere Reinigungsaktionen im Gehege.

Pflege und Entwicklung der Jungtiere

In den ersten Lebenstagen sind die jungen Lemminge vollkommen hilflos. Ihre Mutter wärmt, säugt und reinigt sie. Der Kot der Jungtiere wird in den ersten Tagen vom Lemmingweibchen gefressen. In dieser Zeit lässt das Muttertier seine Jungtiere auch nur für kurze Zeit alleine. Durch das Lecken des Bauches stimuliert die Mutter die Verdauung der Jungtiere.

Die Entwicklung der kleinen Lemminge verläuft anfangs rasant. Schon mit 10–13 Tagen verlassen sie erstmals den Bau. Zu diesem Zeitpunkt besitzen sie auch schon winzige Zähnchen, mit denen sie am Futter herumknabbern. Diese Zeit bedeutet für das Lemmingweibchen viel Stress, denn es ist jetzt ständig damit beschäftigt, die Ausreißer wieder einzufangen und in den Bau zu transportieren. Sind die Jungtiere drei Wochen alt, lässt die Fürsorge der Mutter nach. Oftmals ist sie zu diesem Zeitpunkt bereits wieder trächtig. Kurze Zeit später sind die

Weibchen mit Jungtieren Foto: M. Höhle

Jungen selbstständig und mit etwa vier Wochen selber geschlechtsreif. Bis sie ausgewachsen sind, dauert es aber ca. drei Monate.

Entwicklung der Jungtiere

Geburt
Die Jungtiere sind nackt, rosa, blind, etwa 1–2 g leicht, können fiepen.

2. Tag
Pigmentierung der Haut setzt ein

ca. 3. Tag
Behaarung beginnt zu wachsen

10.–13. Tag
Die Augen der Jungtiere öffnen sich, diese können sich selbstständig putzen. Kot- und Harnabgabe funktionieren ohne äußere Stimulation (durch Belecken). Die Jungen beginnen im Gehege umherzulaufen und probieren erste feste Nahrung.

4. Woche
Die Geschlechtsreife kann einsetzen.

Nach spätestens zwölf Wochen
Der Nachwuchs ist ausgewachsen.

Junge Lemminge sind zunächst nackt, das Fell wächst erst ab dem dritten Lebenstag. Foto: M. Höhle

Im Normalfall kann das Lemmingmännchen auch während der Aufzucht im Gehege verbleiben, ohne dass es den Aufzuchterfolg gefährdet. Häufig muss das Männchen die Wurfhöhle jedoch kurz vor dem Wurf verlassen und legt sich dann eine eigene Schlafhöhle an. Bei gut harmonierenden und eingespielten Paaren hingegen beteiligt sich das Männchen sogar am Nestbau und darf dann meist auch nach der Geburt der Jungen im selben Nest verbleiben. Ist das Weibchen auf Futtersuche, übernimmt das Männchen die Aufgabe, die Jungen zu wärmen. Vor allem wenn die jungen Steppenlemminge das „Flegelalter" erreicht haben und beginnen, im Gehege umherzukriechen, unterstützt das Lemmingmännchen sein Weibchen, indem es hilft, die Jungtiere in den Bau zurückzutragen.

Männliche Steppenlemminge, die ihre Jungtiere angreifen oder gar fressen, sollten Sie sofort aus der Zucht nehmen. Dies gilt auch für eventuell überlebende Jungtiere solcher Männchen, da zu befürchten ist, dass sich dieses Verhalten vererbt. Verbleibt das Männchen während der Aufzucht im Gehege, müssen Sie 3–4 Wochen nach der Geburt der Jungtiere mit dem nächsten Wurf rechnen, da die Weibchen direkt nach der Geburt wieder aufnahmebereit sind. Es sollte unbedingt vermieden werden, dass das Männchen die eigenen weiblichen Jungen deckt, da dies eine Form von Inzucht ist, die zu Schädigungen führen kann.

Kannibalismus/Kronismus

Unter Kronismus versteht man das Auffressen der eigenen Jungtiere durch die Mutter. Hierfür kann es verschiedene Gründe geben: So erkennt das Steppenlemmingweibchen wahrscheinlich schon beim Fressen der Nabelschnur, ob ihre Jungtiere gesund sind oder nicht. Zu schwache oder kranke Tiere wie auch Totgeburten werden daher direkt aufgefressen.

Junge Weibchen, die bereits vor dem Erreichen des Erwachsenenstadiums trächtig wurden, leiden durch die verfrühte Trächtigkeit häufig an Eiweißmangel. Dieser wird durch das Auffressen der Jungtiere ausgeglichen. Auch wenn ein Weibchen mehrmals hintereinander ohne Pause wirft, kann ein Proteinmangel entstehen. Die entsprechende Fütterung kann hier vorbeugen (s. „Tierische Nahrung").

Störungen des Muttertiers sind eine weitere Ursache für das Fressen der eigenen Jungtiere. Unterlassen Sie deshalb alle unnötigen Störungen und greifen Sie nicht ins Nest. Reinigungsarbeiten am Gehege sollten auf ein Minimum reduziert werden, der Bereich um das Nest und das Nest selbst müs-

ZUCHTBUCH

sen dabei ausgespart werden. Es empfiehlt sich, die erforderliche Gehegereinigung zu Beginn der Trächtigkeit durchzuführen – so lassen sich Störungen während der Jungenaufzucht vermeiden.

> **Tipp:** Ein häufige Ursache für Kronismus und Kannibalismus sind zu dicht besetzte Gehege. Leiden die Tiere unter Raummangel, regulieren sie diesen, indem sie schwache oder junge Mitglieder der Gruppe auffressen. Der Halter kann also in den meisten Fällen die Ursachen für Kronismus und Kannibalismus vermeiden.

ZUCHTBUCH

Zu einer kontrollierten Nachzucht gehört auch die Führung eines Zuchtbuchs. In ihm werden alle wesentlichen Informationen über die Zuchttiere und deren Nachwuchs festgehalten. Die Führung des Zuchtbuchs erlaubt es dem Pfleger auch, einen Stammbaum für seine Tiere aufzustellen. Dies ist eine wichtige Voraussetzung, um Inzuchtverpaarungen zu vermeiden. Neben Angaben zu Geburtsdatum, Elterntieren sowie Daten der jeweiligen Würfe eines Zuchtpaares sollte das Zuchtbuch auch Informationen über z. B. Krankheiten enthalten. Herausragende Wesenszüge eines Steppenlemmings oder sein Verhalten während der Aufzucht spielen ebenso eine wichtige Rolle und sollten dokumentiert werden. Nur so kann festgestellt werden, ob sich die „Charakterzüge" eines Zuchttieres (friedlich, bissig, ängstlich etc.) auf die Nachkommen übertragen. Werden ungewünschte Charaktereigenschaften vererbt, gehören die entsprechenden Tiere nicht in die Zucht – sonst verfestigen sich diese Eigenschaften, und das ist natürlich nicht wünschenswert.

Für interessierte Züchter gibt es inzwischen auch eine Vielzahl an Computerprogrammen, die die Zuchtbuchführung erleichtern. Sie erfassen alle wesentlichen Daten und können auf Wunsch z. B. einen Stammbaum für den Bestand erstellen.

Neben dem Zuchtbuch empfiehlt es sich – vor allem wenn man mehrere Zuchtpaare besitzt –, an jedem Gehege eine Zuchtkarte anzubringen, auf der erfasst wird, wann ein Wurf geboren wurde, aus wie vielen Jungen der Wurf besteht und seit wann die Jungen selbstständig sind. Dies erleichtert Ihnen als Züchter die tägliche Pflege erheblich.

> **FÜHRUNG DES ZUCHTBUCHS**
>
> Ein Zuchtbuch dient dem Überblick eines Halters über seine Zucht. Dazu sollte es folgende Informationen enthalten:
> - Name/Nummer des Steppenlemmings
> - Geburtsdatum
> - Eltern
> - aktuelles Gehege
> - „Charaktereigenschaften"
> - Verpaarungen (Partner, Paarungsdatum etc.)
> - Würfe (Datum, Geschlecht, Anzahl und Aussehen der Jungtiere)
> - Abgabedatum und Abgabeadresse bzw.
> - Todestag und Todesursache

Junge Steppenlemminge wachsen rasch. Foto: R. Sistermann

Steppenlemminge verstehen / Die Sprache der Lemminge

Lemminge sind äußerst wachsam. Foto: C. Ehrlich

STEPPENLEMMINGE VERSTEHEN

Profundes Wissen über das Verhalten der Steppenlemminge ist eine wichtige Grundlage für die erfolgreiche Haltung. So können Missverständnisse vermieden und Probleme rechtzeitig erkannt werden. Nur wenn Sie das normale Verhalten Ihrer Steppenlemminge kennen, werden Sie Abweichungen bemerken und so z. B. Krankheiten rechtzeitig erkennen. Die Kenntnis der Laut- und Körpersprache erschließt Ihnen aber auch das interessante Sozialverhalten der Lemminge und wird Ihnen zusätzlich Freude beim Beobachten der Tiere bereiten. Steppenlemminge sind Fluchttiere und versuchen sich bei Gefahr im nächstgelegenen Unterschlupf zu verstecken. Weibchen, die ihre Jungen beschützen, können hingegen auch zum Angriff übergehen. Wenn sich Ihr bis dato friedliches Steppenlemmingweibchen aus dem Bau heraus auf Ihre Hand stürzt, kann dies ein Zeichen dafür sein, dass es Nachwuchs zu verteidigen hat. Werden Steppenlemminge ergriffen, versuchen sie sich durch Zappeln und Winden aus der Umklammerung zu befreien. Dabei entwickeln sie eine erstaunliche Energie, sodass es gar nicht so einfach ist, einen Steppenlemming festzuhalten.

Verhaltensänderungen können ein Zeichen für eine Erkrankung sein. Foto: R. Sistermann

DIE SPRACHE DER LEMMINGE

Oft halten Lemminge ihr Futter in den Vorderpfoten fest.
Foto: C. Ehrlich

Steppenlemminge orientieren sich vor allem über den Geruchssinn. Foto: M. Höhle

DIE SPRACHE DER LEMMINGE

Lautäußerungen hören Sie von Ihren Steppenlemmingen selten. Bei der Paarung und auch bei Streitigkeiten können sie allerdings recht laut quietschen. Gerade Auseinandersetzungen sind zwar meist sehr kurz, werden aber von heftigen Lautäußerungen begleitet.

Erschrecken Sie deshalb nicht sofort, wenn Ihre Steppenlemminge plötzlich mit lautem Geschrei auf sich aufmerksam machen. Erst wenn die Verfolgungsjagden über längere Zeit andauern und sich die Lemminge gegenseitig beißen, ist ein Eingreifen allerdings erforderlich. Bevorzugte Ziele für Beißattacken der Nager sind die Genitalien und der Schwanz.

Lautäußerungen hört man von Lemmingen nur selten. Foto: C. Ehrlich

Markierungsverhalten

Das Revier wird mittel Urin markiert. Foto: C. Ehrlich

Vergewissern Sie sich aber, bevor Sie eingreifen, dass es sich tatsächlich um Streitigkeiten und nicht um Paarungsspiele handelt. Vor der Paarung flüchtet das Weibchen vor dem Männchen, das immer wieder versucht, seine Auserwählte aufzuhalten. Dabei wehrt das Weibchen seinen Partner zunächst ab, was auch mit lautem Gequieke einhergeht. Letztlich bleibt es dann aber doch stehen und paart sich mit dem Lemmingmännchen.

Lemming-Jungtiere rufen sehr laut nach ihrer Mutter, wenn ihnen etwas nicht behagt. Diese durchdringenden Schreie sind über mehrere Meter gut zu hören.

Die Kommunikation unter den Lemmingen findet ansonsten z. T. im Ultraschallbereich statt, vielfach aber auch durch eine für den menschlichen Betrachter kaum wahrnehmbare Körpersprache sowie Geruchsmarken (s. u.). Leider weiß man heute noch nicht sonderlich viel darüber, wie sich Lemminge in einer Gruppe miteinander „unterhalten", aber vielleicht wird es ja in den kommenden Jahren entsprechende Untersuchungen geben.

Markierungsverhalten

Auch wenn der Urin von Steppenlemmingen bei weitem nicht so geruchsintensiv ist wie der von Zwerghamstern, so spielt er doch eine wichtige Rolle bei der Markierung des Reviers. Sowohl männliche als auch weibliche Steppenlemminge markieren mittels Urin und Kot ihr Revier. Reinigen Sie deshalb nie das gesamte Gehege auf einmal, da sonst der fehlende Eigengeruch die Steppenlemminge in Stress versetzt. Ohne ihren Geruch fühlen sie sich nämlich in ihrem Gehege fremd. Lassen Sie aus diesem Grund immer etwas alte Einstreu im Gehege, um den Tieren das Gefühl der Vertrautheit mit der Umgebung zu geben.

Wie stark die geruchliche Orientierung der Steppenlemminge ist, zeigt sich daran, dass alleine der Geruch des Urins von Fressfeinden ausreicht, um die Lemminge in Stress zu versetzen. Halten Sie neben den Steppenlemmingen Katzen, sollte Sie deshalb darauf achten, dass die Katzentoilette nicht in der Nähe des Lemminggeheges steht. Denn nicht

Die Haltung von Steppenlemmingen ist auch in Mietwohnungen erlaubt, so sie im üblichen Rahmen erfolgt. Foto: C. Ehrlich

nur die Lebenserwartung, auch die Paarungsbereitschaft nimmt bei Steppenlemmingen, die den Urin ihrer Fressfeinde riechen, deutlich ab (FUELLING & HALLE 2004).

STEPPENLEMMINGE IM MIETRECHT

Die Haltung von Steppenlemmingen in Mietwohnungen ist generell erlaubt und bedarf keiner Genehmigung durch den Vermieter. Eine Pflege von Kleintieren darf vom Vermieter nur dann verboten werden, wenn sich durch die Tierhaltung Nachteile für das Wohlbefinden der anderen Mieter oder Schäden an der Wohnung ergeben. Das eventuelle generelle Verbot einer Tierhaltung im Mietvertrag ist nicht zulässig und betrifft Steppenlemminge nicht.

Ist im Mietvertrag ein Verbot der Tierhaltung aufgeführt, sollten Sie dennoch das Gespräch mit dem Vermieter suchen und ihn um Erlaubnis bitten. Solch ein klärendes Gespräch im Vorfeld hilft oftmals späteren Ärger zu vermeiden.

Die Erlaubnis der Tierhaltung, ob nun im Mietvertrag oder im Gespräch mit dem Vermieter geregelt, bezieht sich auf eine „normale" Haltung. Ab wann eine Tierhaltung über das normale Maß hinausgeht, wird – auch von den Gerichten – sehr unterschiedlich beurteilt. So sind 2–4 Steppenlemminge sicher nicht zu beanstanden. Sollten Sie jedoch mit mehreren Paaren züchten wollen, kann die Individuenzahl schnell das „übliche Maß" übersteigen. In diesem Fall ist der Vermieter vor Beginn der Zucht zu informieren und um Erlaubnis zu bitten.

Probleme entstehen auch dann, wenn sich die Nachbarschaft durch Ihre Steppenlemminge gestört fühlt. Vor allem ein ausgebrochener Lemming, der für den unbedarften Laien eine „Maus" darstellt, kann für Missstimmung bei den Nachbarn sorgen. Die Geruchsbelästigung durch die Einstreu hält sich auch bei einer größeren Zahl Steppenlemminge in Grenzen. Problematisch ist aber ihre Entsorgung. Blockieren Sie mit Ihrer Einstreu einen Großteil der gemeinsamen Mülltonnen, ist der Ärger mit den Nachbarn vorprogrammiert. Auch dieser Punkt sollte im Vorfeld bedacht werden.

Weitere Wühlmausarten und ihre Pflege

Die Unterfamilie der Wühlmäuse besteht aus 26 Gattungen mit ca. 150 Arten. Neben dem Steppenlemming haben es nur wenige davon geschafft, sich einen Platz in den Gehegen der Liebhaber zu erobern. Dies ist sehr bedauerlich, weisen doch all diese Tiere ein ebenso facettenreiches Verhaltensrepertoire wie der Steppenlemming auf, und auch ihre Haltung, die viele Gemeinsamkeiten zu derjenigen des Steppenlemmings aufweist, stellt den Halter nicht vor Probleme.

Im Folgenden möchte ich Ihnen einige Arten vorstellen, die inzwischen bei Liebhabern anzutreffen sind und deren Haltung ebenso spannend wie die des Steppenlemmings ist. Alle genannten Arten unterliegen nicht dem Artenschutz.

Gewöhnliche Rötelmaus

Name
- deutsch: Gewöhnliche Rötelmaus
- englisch: Redbacked Vole, Bank Vole
- französisch: Campagnol roussâtre
- niederländisch: Rosse woelmuis
- wissenschaftlicher Name: Clethrionomys glareolus

Sonstiges
- Herkunft: Mitteleuropa
- Lebensraum: Waldränder, Hecken, Parks

- Geburtsgewicht: ca. 1 g
- Gewicht adult: 20–40 g
- Körperlänge: 90–110 mm (Schwanzlänge 45–65 mm)
- Lebenserwartung: ca. 18 Monate
- Geschlechtsreife: Weibchen: 28 Tage, Männchen: 56 Tage
- Tragzeit: 18–22 Tage
- Anzahl der Jungen pro Wurf: 3–7
- Anzahl der Würfe: 2–3 pro Jahr
- erste feste Nahrung: 11–14 Tage
- selbstständig: 20–25 Tage

Gewöhnliche Rötelmäuse weisen eine Körperlänge von 9–11 cm auf, hinzu kommt ihr etwa halb körperlanger Schwanz, der sie, ebenso wie die größeren Ohren, von den Feld- und Erdmäusen unterscheidet. Ihr Fell ist auf dem Rücken fuchs- bis braunrot („rötelrot") gefärbt, die Unterseite ist weißlich bis hellgrau. Auf den ersten Blick gleicht die Rötelmaus eher einer „echten" Maus als einer Wühlmaus.

Auch im Verhalten weicht die Gewöhnliche Rötelmaus von anderen Wühlmäusen deutlich ab. Ihr Lebensraum sind Waldränder, waldnahe Hecken und Gebüsche, in denen sie sich – ganz untypisch für Wühlmäuse – auch kletternd fortbewegen kann. Generell bevorzugt sie nicht zu trockene, schattige Biotope, weshalb sie gerne auch nasse Erlenbrüche besiedelt. Ihr Vorkommen ist immer an bodendeckenden Bewuchs oder doch zumindest an eine dicke Laubschicht, unter der die Erde frisch bleibt,

Rötelmaus (*Clethrionomys glareolus*)
Foto: Klaus Rudloff

gebunden. Die Gänge der Gewöhnlichen Rötelmaus sind weniger komplex als die anderer Wühlmäuse. Sie sind mit zahlreichen Öffnungen versehen und verlaufen meist knapp unter der Erdoberfläche. Ihr aus Gras, Laub und Moos hergerichtetes Nest legen die Nager häufig auch oberirdisch unter Steinen, in Baumstümpfen oder sogar in geringer Höhe im dichten Gestrüpp an. Wie die Steppenlemminge sind auch die Gewöhnlichen Rötelmäuse meist in den Dämmerungs- und Nachstunden aktiv.

Von den Rötelmäusen wird hauptsächlich die in Mitteleuropa beheimatete Art *Clethrionomys glareolus* gehalten. Leider findet man kaum noch wildfarbene Exemplare dieser schön gefärbten Wühlmaus, da in den meisten Beständen ausschließlich die Albinovariante gezüchtet wird. In England wird zudem eine schwarze Farbvariante vermehrt. Das Gehege der Rötelmäuse sollte neben einer dicken Schicht Einstreu auch Äste und Wurzeln zum Klettern enthalten. Da Rötelmäuse weniger stark graben, reicht eine Einstreuschicht von 15 cm aus. Wildfarbene Exemplare sind meist äußerst hektisch und sehr stressanfällig. Dies sollte beim Standort des Geheges bedacht werden. Die Albinovariante ist deutlich ruhiger – auch dies ist sicherlich ein Grund dafür, dass sie inzwischen häufiger gehalten wird.

Rötelmäuse benötigen einen höheren Anteil an tierischem Eiweiß, da auch Insekten, Würmer und Spinnen zu ihrem natürlichen Nahrungsspektrum gehören. Zudem fressen sie mehr Körnerfutter als Steppenlemminge.

Zur Vermehrung empfiehlt es sich, die Rötelmäuse paarweise oder mit einem Männchen und bis zu drei Weibchen zu halten. Nach 18–22 Tagen Tragzeit werfen die Weibchen 3–7 (meist vier) Junge, die zunächst nackt und blind sind. Die Kleinen, die mit zwölf Tagen die Augen öffnen, werden nur zwei Wochen vom Muttertier gesäugt. Nach einer weiteren Woche sind die Jungtiere selbstständig und können von den Eltern getrennt werden. Mit 28 Tagen erreichen junge Weibchen die Geschlechtsreife, junge Männchen benötigen etwa 56 Tage. Die Zucht der naturfarbenen Rötelmäuse scheint schwieriger zu sein als die der Albinos, die sich problemlos fortpflanzen. Grund könnte die große Stressanfälligkeit der Tiere sein. Für eine erfolgreiche Nachzucht ist deshalb ein ruhiger Gehegestandort unabdingbar. Die Erhöhung des Anteils tierischer Kost wirkt sich stimulierend aus.

LEVANTE-WÜHLMAUS

Name	
deutsch	Levante-Wühlmaus, Mittelmeer-Wühlmaus
englisch	Guenther's vole
französisch	Levante vole
niederländisch	Mediterrane woelmuis
wissenschaftlicher Name	*Microtus guentheri*
Sonstiges	
Herkunft	Von Libyen über Syrien, Israel, Libanon, Türkei, Ostbulgarien und Griechenland
Lebensraum	Waldränder, Hecken, Parks
Geburtsgewicht	ca. 2 g
Gewicht adult	32–68 g
Körperlänge	97–127 mm (Schwanzlänge 23–36 mm)
Lebenserwartung	ca. 20 Monate
Geschlechtsreife	Weibchen: 25 Tage, Männchen: 45 Tage
Tragzeit	21–25 Tage
Anzahl der Jungen pro Wurf	3–8
Anzahl der Würfe	4–5 pro Jahr
erste feste Nahrung	12–15 Tage
selbstständig	20–25 Tage

Levante-Wühlmäuse sind kleine, kompakt gebaute Nager, die oberseits dunkelbraun gefärbt sind. Der Bauch und die Unterseite des Schwanzes

Levante-Wühlmaus (*Microtus guentheri*) Foto: C. Ehrlich

Weibliche Levante-Wühlmäuse verteidigen ihre Jungtiere äußerst energisch. Foto: R. Sistermann

sind grau getönt. Die Kopf-Rumpf-Länge beträgt etwa 10–12 cm, der Schwanz misst ungefähr 2–4 cm. Das Körpergewicht der Levante-Wühlmaus liegt im Durchschnitt zwischen 32 und 68 g. Kurze Ohren und kurzer Schwanz weisen sie als typischen Vertreter der Echten Wühlmäuse (*Microtus*) aus.

Trockene, offene Landschaften sowie Weide- oder Kulturland, Wiesen und Ödland sind der bevorzugte Lebensraum der Levante-Wühlmaus. Kennzeichnend für ihre Biotope sind die spärliche Vegetation und der gut entwässerte Boden. Die ausgedehnten Bausysteme der Levante-Wühlmaus sind zwischen 20 und 45 cm tief und besitzen 3–4 Ausgänge. Trotz ihrer Größe enthält jeder Bau nur ein Nest, das im Gangverlauf oder am Ende der Seitengänge liegt. Ausgepolstert wird das Nest mit Gras oder kleinen Wurzeln. Das gesamte Bausystem einer größeren Gruppe Levante-Wühlmäuse besteht aus mehreren Einzelbauen und kann bis zu 50 Löcher besitzen. Die Eingänge der Einzelbaue sind nur 0,2–2 m voneinander entfernt und haben einen Durchmesser von 4–5 cm.

Im Gegensatz zu vielen anderen Wühlmausarten, die überwiegend nachtaktiv sind, ist die Levante-Wühlmaus wechselaktiv, d. h. sowohl tagsüber als auch nachts stundenweise außerhalb ihres Baus anzutreffen.

Die Pflege größerer Gruppen ist bei dieser Wühlmaus problemlos möglich, jedoch sollten nur 1–2 Männchen pro Gruppe gehalten werden. Die

Levante-Wühlmäuse sind deutlich größer als Steppenlemminge. Foto: R. Sistermann

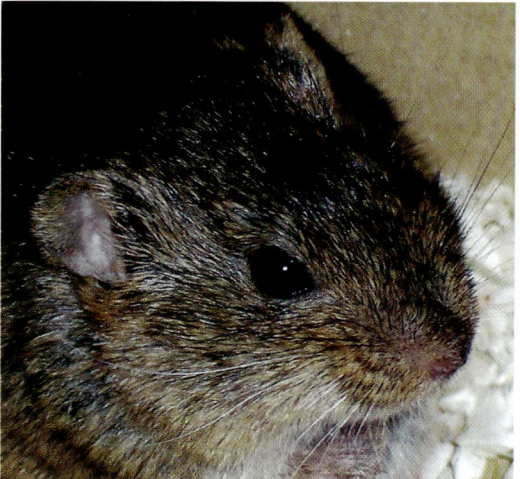

Typisch sind die runden Ohren. Foto: R. Sistermann

Haltungsbedingungen entsprechen ansonsten denen des Steppenlemmings. Reichen Sie Ihren Levante-Wühlmäusen überwiegend Frischfutter, wie Kräuter, frisches Gras und Wurzelgemüse. Eine Körnermischung sowie Katzentrockenfutter, Heu, Stroh und frische Äste mit Laub ergänzen die Futterpalette und sorgen für Abwechslung. Levante-Wühlmäuse haben die Eigenschaft, im Winter stark an Gewicht zuzunehmen, ohne dieses im Frühjahr zu verlieren. Verzichten Sie deshalb generell auf die Verfütterung fetthaltiger Nahrungsanteile, wie Sonnenblumenkerne oder Erdnüsse.

Die Vermehrung der Levante-Wühlmaus gelingt problemlos, ob die Tiere nun paarweise oder in Gruppen gehalten werden. Nach einer Tragzeit von 21–25 Tagen wirft das Weibchen 4–5 Jungtiere. Junge Weibchen sind bereits nach 25 Tagen geschlechtsreif, bei Männchen dauert das Erreichen der Geschlechtsreife länger. Vermutlich ist die Verzögerung der Geschlechtsreife beim Männchen ein Schutz vor Inzucht. Die Vermehrung der Levante-Wühlmaus gleicht ansonsten derjenigen der Steppenlemminge. Allerdings verhält sie sich dem Pfleger gegenüber deutlich scheuer. Vor allem trächtige oder säugende Weibchen reagieren auf Störungen sehr aggressiv und greifen den Pfleger an. Bei zu beengten Gehegen neigen die Levante-Wühlmäuse zu Kannibalismus.

Schilfwühlmaus

Name
deutsch	Schilfwühlmaus
englisch	Reed vole
niederländisch	Chinese woelmuis
wissenschaftlicher Name	*Microtus fortis*

Sonstiges
Herkunft	Mongolei, Sibirien, China
Lebensraum	Waldränder, Hecken, Parks
Geburtsgewicht	ca. 2 g
Gewicht adult	25–60 g
Körperlänge	120–140 mm (Schwanzlänge 25–39 mm)
Lebenserwartung	ca. 24 Monate
Geschlechtsreife	25 Tage
Tragzeit	21–25 Tage
Anzahl der Jungen pro Wurf	2–6
Anzahl der Würfe	2–3 pro Jahr
erste feste Nahrung	10–12 Tage
selbstständig	15–20 Tage

Die Schilfwühlmaus ist mit 12–14 cm Körperlänge eine der größten Arten innerhalb der Gattung *Microtus*. Ihr Fell ist oberseits grau-bräunlich, der Bauch ist hellgrau gefärbt. Ihr kaum behaarter Schwanz ist ca. 3–4 cm lang.

Schilfwühlmäuse bevölkern weite Teile Russlands, der Mongolei und Chinas. Wie der Name schon sagt, bevorzugen sie eher feuchtere Habitate, sodass sie für die ebenfalls in dieser Region vorkommenden Steppenwühlmäuse keinerlei Nahrungskonkurrenz darstellt. Als Anpassung an ihren Lebensraum können Schilfwühlmäuse hervorra-

Schilfwühlmaus (*Microtus fortis*) Foto: C. Ehrlich

gend schwimmen und tauchen. Ihre unterirdischen Baue verbinden die Tiere durch Trampelpfade, die eine Breite von bis zu 5 cm erreichen.

Schilfwühlmäuse sind dankbare Pfleglinge, die keine großen Ansprüche stellen. Da es sich um recht große Tiere handelt, sollte das Gehege Maße von 100 x 40 cm nicht unterschreiten. In einem solchen Gehege können auch größere Gruppen gehalten werden. Zwar graben die Schilfwühlmäuse in meiner Haltung deutlich weniger als z. B. meine Brandts Steppenwühlmäuse, dennoch sollte den Tieren die Möglichkeit zum Graben geboten werden. Geben Sie Ihren Tieren deshalb als Einstreu ein Gemisch aus Rindenmulch und Torf, das ca. 10–15 cm hoch eingebracht wird. Nachdem ich mehrmals beobachten konnte, wie sich meine Wühlmäuse im Wassernapf wuschen, bot ich ihnen zusätzlich eine größere Badeschale an, die begeistert angenommen wird. Ich benutze dazu eine Tonschale mit 15 cm Durchmesser und ca. 4 cm Tiefe. Leider neigen die Tiere dazu, Futterreste in das Becken einzutragen, weshalb der Pflegeaufwand etwas erhöht ist. Nach jedem Erneuern des Wassers

Schilfwühlmäuse besitzen einen relativ langen Schwanz. Foto: R. Sistermann

warten meine Wühler regelrecht darauf, sich in das frische Wasser zu stürzen und darin zu baden.

Keinesfalls gehört Stroh in das Gehege der Schilfwühlmäuse. Ich selbst musste bereits Verluste durch Stroh hinnehmen – Ähnliches wurde mir auch von anderen Haltern berichtet. Schon wenige

ORKNEY-FELDMAUS

Orkney-Feldmaus (*Microtus arvalis orcadensis*)

Minuten nach dem Einbringen des Strohs begannen die Tiere zu schwanken und fielen kurz darauf tot um. Die Ursache scheinen Dämpfe oder Gase aus dem (evtl. mit Spritzmitteln belasteten?) Stroh zu sein, eine endgültige Erklärung habe ich aber bis heute nicht gefunden.

Die Vermehrung der Schilfwühlmaus gelingt problemlos bei paarweiser ebenso wie bei Gruppenhaltung. Idealerweise besteht eine Zuchtgruppe aus einem Männchen und bis zu vier Weibchen. Nach einer Tragzeit von 21–25 Tagen wirft das Weibchen 4–5 Jungtiere. Haben die Jungtiere ein Alter von 12–15 Tagen erreicht, beginnen sie im Gehege umherzustreunen. Zu diesem Zeitpunkt muss das Badebecken entfernt werden, da ansonsten die Gefahr besteht, dass die Jungtiere darin ertrinken.

ORKNEY-FELDMAUS

Name
deutsch .... Orkney-Feldmaus,
.... Orkney-Feldwühlmaus
englisch .... Orkney vole
niederländisch .... Orkney woelmuis
wissenschaftlicher Name .... *Microtus arvalis orcadensis*

Sonstiges
Herkunft .... Orkney-Inseln (Schottland)
Lebensraum .... Waldränder, Hecken, Parks
Geburtsgewicht .... ca. 1 g
Gewicht adult .... 30–50 g
Körperlänge .... 90–120 mm
                          (Schwanzlänge 15–30 mm)
Lebenserwartung .... ca. 20 Monate
Geschlechtsreife .... 16–18 Tage
Tragzeit .... 21–23 Tage

Anzahl der Jungen pro Wurf	2–12
Anzahl der Würfe	3–10 pro Jahr
erste feste Nahrung	12–15 Tage
selbstständig	20–25 Tage

Die Orkney-Feldmaus, oft auch als Orkney-Feldwühlmaus oder kurz „Orkney" bezeichnet, ist eine Unterart unserer heimischen Feldmaus. Ihr Vorkommen beschränkt sich ausschließlich auf die schottischen Orkney-Inseln. In Liebhaberhänden ist sie allerdings häufiger anzutreffen als die Nominatform, von der sie sich durch ihre dunklere Farbe und die Größe unterscheidet. Das Fell der Orkney-Feldmaus ist unterseits hell- bis graubraun, oberseits dunkelbraun gefärbt. Erwachsene Mäuse werden 9–12 cm groß, der Schwanz ist recht kurz. Sie erreichen im Terrarium ein Gewicht von 30–50 g. Ihr Körper ist walzenförmig, die kleinen Augen sind dunkel. Die Schnauze ist stumpf, die Ohren sind nicht vollständig mit Fell bedeckt.

Orkney-Feldmäuse leben in Kolonien mit bis zu 20 Tieren, die meistens von mehreren Weibchen und deren Jungen gebildet werden. Die Männchen dieser Art leben überwiegend solitär. Die Baue dieser Art bestehen aus Vorrats- und Wohnkammer und besitzen 4–6 Ausgänge. Typisch für die Baue der Feldmaus sind die oberirdischen Wechsel, die der Verbindung der einzelnen Gangöffnungen dienen. Orkney-Feldmäuse bevorzugen baumfreie Gegenden, Felder, Wiesen und manchmal auch Waldränder sowie Waldlichtungen. Dabei nutzen Sie neben trockenen Landstrichen auch Sumpfgebiete.

Im Sommer sind die Tiere überwiegend am Tag außerhalb des Baus anzutreffen, im Winter sind sie eher nachts aktiv.

Die Ansprüche an Haltung und Fütterung sind mit denen des Steppenlemmings identisch, lediglich sollte das Becken für die Tiere etwas größer gewählt werden. Besonders beliebt sind Orkney-Feldmäuse, weil sie sehr zutraulich werden und dann gerne Futter aus der Hand ihres Pflegers nehmen.

Die Vermehrungsrate frei lebender Orkney-Feldmäuse ist enorm. Ein einzelnes Weibchen kann 3–10 Mal pro Jahr werfen, es werden meistens 4–8 (selten auch mehr) Junge geboren, die schon nach 16–18 Tagen geschlechtsreif sind. Bei einer Tragzeit von etwa 21 Tagen kann es so innerhalb kürzester Zeit zu einer explosionsartigen Vermehrung kommen.

Bei der Nachzucht dieser Art treten dennoch immer wieder Probleme auf. So gibt es Jahre, in denen sich die Tiere kaum fortpflanzen oder die Bestände weitestgehend zusammenbrechen. Die Ursache für dieses Phänomen ist bis heute unklar. Sollten Sie diese Unterart vermehren wollen, empfiehlt es sich, 3–4 Paare zu halten, um zu verhindern, dass beim Verlust von einem oder zwei Tieren die ganze Zucht zusammenbricht. Da die Lebenserwartung mit ca. 20 Monaten sehr gering ist, sollten Sie zusätzlich ausreichend Jungtiere für ihre Zucht zurückhalten.

BRANDTS STEPPENWÜHLMAUS

Name	
deutsch	Brandts Steppenwühlmaus
englisch	Brandt's vole
niederländisch	Steppe woelmuis
wissenschaftlicher Name	*Lasiopodomys* [*Microtus*] *brandtii*
Sonstiges	
Herkunft	Mongolei, Russland, China
Lebensraum	Grassteppen, Weideland
Geburtsgewicht	ca. 1 g
Gewicht adult	18–50 g
Körperlänge	100–120 mm (Schwanzlänge 15–29 mm)
Lebenserwartung	ca. 24 Monate
Geschlechtsreife	23 Tage
Tragzeit	19–21 Tage
Anzahl der Jungen pro Wurf	2–8
Anzahl der Würfe	2–4 pro Jahr
erste feste Nahrung	10–14 Tage
selbstständig	20–25 Tage

Auf den ersten Blick wirkt die beigegraue gefärbte Brandts Steppenwühlmaus wie die Zwergausgabe eines Präriehundes. Sie erreicht eine Größe von 10–12 cm. Auffällig sind die Höcker über den Augen, die dem Kopf ein kantiges Aussehen verleihen.

Die Heimat von Brandts Steppenwühlmaus sind die Steppengebiete der Mongolei, Russlands und Teilen Chinas. Dort leben sie in größeren matrifokalen Gruppen, d. h. die Gruppen bestehen aus

Brandts Steppenwühlmaus (*Lasiopodomys* [*Microtus*] *brandtii*) Foto: R. Sistermann

einem bis mehreren Weibchen und deren Jungtieren. Insbesondere in Herbst und Winter bilden die Tiere Schlafgemeinschaften aus bis zu 20 Tieren. Fortpflanzungsfähige Männchen schließen sich nur im Winter den Gruppen an, ansonsten sind sie eher Einzelgänger, die in ihrem großen Revier mehrere Weibchengruppen haben. Der Aktionsradius der Männchen ist ca. 2,5 km² groß und umfasst bis zu zehn Weibchengebiete. Weibchen sind im Allgemeinen platztreu und verlassen ihr Revier mit der Größe von ca. 1,5 km² nur selten. Allerdings wandern trächtige Weibchen manchmal ab und gründen neue Gruppen.

Die Sommerbaue der Steppenwühlmäuse sind ca. 0,25–0,5 m tief und sehr verzweigt. Sie besitzen mehrere Kammern und bis zu 15 Ausgänge. Die Winterbaue werden in 0,5 m Tiefe angelegt und besitzen nur wenige Ausgänge, die zeitweise komplett verschlossen werden. Wie bei vielen anderen Wühlmausarten ist das Aktivitätsmuster der Steppenwühlmäuse von der Jahreszeit abhängig. Das Aktivitätsmaximum liegt vor allem im Winter in den Tagesstunden, im Sommer hingegen sind die Tiere hauptsächlich in den Dämmerungsstunden aktiv, während der Mittagshitze suchen sie ihren kühlen Bau auf. Zeitweise leben die Wühlmäuse im Winter ausschließlich unter der Erde und ernähren sich von den im Herbst gesammelten Vorräten.

Die Ansprüche der Steppenwühlmaus an Haltung und Futter sind mit denen des Steppenlemmings identisch. Meine Tiere bevorzugen meist Moos als Hauptnahrung – steht dieses zur Verfügung, wird das restliche Futter ignoriert. Wie die Orkney-Feldmäuse werden auch die Steppenwühlmäuse sehr zutraulich und reagieren auf Pfiffe ihres Pflegers.

Die Vermehrung kann paarweise oder in Gruppen erfolgen. Sind mehrere Männchen in einer Zuchtgruppe, bleibt der Nachwuchs oftmals aus. Ansonsten gleicht die Nachzucht der des Steppenlemmings.

Danksagung

Zum Abschluss möchte ich es nicht versäumen, all denen zu danken, ohne die dieses Buch nie realisiert worden wäre. Dies sind vor allem all die Halter und Halterinnen von Steppenlemmingen, die mit mir gemeinsam endlose Stunden gefachsimpelt und so wesentlich zu dem in diesem Buch veröffentlichten Erfahrungsschatz beigetragen haben.

Mein besonderer Dank gilt dem Natur und Tier - Verlag, der dieses Buch erst möglich gemacht hat. Christian Ehrlich und Kriton Kunz danke ich für ihre Geduld bei der Bearbeitung des Manuskripts, Ludger Hogeback für die grafische Gestaltung, die dem Buch erst ein Gesicht gegeben hat.

Adressen

Ämter

Bundesamt für Naturschutz (BfN)
Konstantinstr. 110, D-53179 Bonn
Telefon: 0228-8491-0, Fax: 0228-8491-200
Internet: www.bfn.de
Für Artenschutz-Fragen: www.wisia.de

Bundesministerium für Verbraucherschutz, Ernährung und Landwirtschaft (BMVEL, vormals BMELF)
Referat Tierschutz
Postfach 140270, D-53107 Bonn
Telefon: 0228-529-0 oder 01888-529-0,
Fax: 0228-529-4262 oder 01888-529-4262
Internet: www.verbraucherministerium.de

Das BMVEL verschickt kostenlos das „Gutachten über Mindestanforderungen an die Haltung von Säugetieren" sowie das Tierschutzgesetz.

Vereinigungen

Bundesarbeitsgruppe (BAG) Kleinsäuger e.V.
c/o Uwe Wurlitzer, Schulzoo Binzer Straße,
Binzer Str. 14, D-04207 Leipzig
Internet: www.bag-kleinsaeuger.de
Herausgeber der „BAG Mitteilungen"

Bundesverband für fachgerechten Natur- und Artenschutz e. V. (BNA)
Ostendstrasse 4, D-76707 Hambrücken
Internet: www.bna-ev.de

Tierärztliche Vereinigung für Tierschutz (TVT)
Bramscher Allee 5, D-49565 Bramsche
Internet: www.tierschutz-tvt.de

Deutsche Gesellschaft für Säugetierkunde
c/o Prof. Dr. Günther B. Hartl, Institut für Haustierkunde, Christian-Albrecht-Universität zu Kiel, Olshausenstr. 40-60, D-24113 Kiel
Internet: www.uni-kiel.de/ifh/dgs
Herausgeber der „Mammalian Biology" (s. u.)

Zeitschriften

RODENTIA – Kleinsäuger-Fachmagazin
Populärwissenschaftliches Kleinsäuger-Fachmagazin für domestizierte Arten und Wildformen
Natur und Tier - Verlag,
An der Kleimannbrücke 39/41, D-48157 Münster
Telefon: 0251-13339-0, Fax: 0251-13339-33
E-Mail: verlag@ms-verlag.de;
Internet: www.ms-verlag.de

Mammalian Biology – Zeitschrift für Säugetierkunde
Wissenschaftliche Zeitschrift für alle Säugetiere (auch Großsäuger)
Urban & Fischer Verlag, Niederlassung Jena,
Postfach 100537, D-07705 Jena
Internet: www.urbanfischer.de/journals/mammbiol

LITERATUR

ALDERTON, D. (1995): Hamster & kleine Nager. – Kynos, Mürlenbach/Eifel, 117 S.

ARAI, T. & Y. MACHIDA (1989): Hepatic enzyme activities and plasma insulin concentrations in diabetic herbivorous voles. – Veterinary Research Communications,13(6): 421–4266

BANERJEE, M.R. & R.J. WALKER (1968): Karyotype and pattern of chromosome replication in *Lagurus lagurus* Pall (Cricetidae, Microtinae). – Cytologia, 33(2): 181–187

BECKER, K. (1958): Die Populationsentwicklung von Feldmäusen (*Microtus arvalis*) im Spiegel der Nahrung von Schleiereulen (*Tyto alba*). – Zeitschrift. angewandte Zoologie, 4(45): 403–431

BRANT, C.L.& T.M. SCHWAB (1998): Behavioural suppression of female pine voles after replacement of the breeding male. – Animal Behaviour, 55(3): 615–627

BRUNET-LECOMTE, P. & J. CHALINE (1991): Morphological evolution and
phylogenetic relationships of the European ground voles (Arvicolinae, Rodentia). – Lethaia, 24: 45–53

CARROLL, L.E. & H.H. GENOWAYS (1980): *Lagurus curtatus*. – Mammalian Species, 124(106)

DEKKER, R. (2003): de Knaagdieren Encyclopedie. – Welzo Media Productions, Warffum, 45 S.

EHRLICH, C. (2003): Kleinsäuger im Terrarium. – Natur und Tier-Verlag, Münster, 128 S.

ELTON, C.S. (1965): Voles, mice and lemmings : problems in population dynamics. – Oxford University Press, London, 496 S.

FUELLING, O. & S. HALLE (2004): Breeding suppression in free-ranging grey-sided voles under the influence of predator odour. – Oecologia, 138(1): 151–159

GETZ, L.L. (1985): Habitats. – S.286–309 in R.H. TAMARIN: Biology of New World *Microtus*. – American Society of Mammalogists, Special Publication 8: 286–309

GILG, O. & I. HANSKI (2003): Cyclic Dynamics in a Simple Vertebrate Predator-Prey Community. – Science, 302(5646): 866–868

GOLENISHCHEV, F.N. & V.G. MALIKOV (2003): New species of guentheri group (Rodentia, Arvicolinae, Microtus) from Iran. – Russian Journal of. Theriology, 1: 117–123

GROMOV, I.M. & I.Y. POLYAKOV (1992): Fauna of the USSR, vol 3, Voles (Microtinae). – Brill Publishing Company, Leiden

HINTON, M.A. (1926): Monograph of the voles and lemmings (Microtinae) living and extinct. –British Museum (Natural History), London, 488 S.

HUDSON, P.J. & O.N. BJORNSTAD (2003): Ecology – Vole stranglers and lemming cycles. – Science, 302(5646): 797–808

INNES, D. & L. GORDON (1984): The life-history tactics of the voles, *Clethrionomys gapperi* and *Microtus pennsylvanicus*, at two elevations. – Ph.D. Dissertation, Faculty of Graduate Studies University of Western Ontario

KAPISCHKE, H.-J. (1995): Feldmaus (*Microtus arvalis*) mit zusätzlichen Molaren. –Säugetierkunde. Inf., 4(19): 43–44

- (1997): Zur Variabilität der Molarenmuster von Feldmäusen (*Microtus arvalis*) aus dem Kreis Meißen (Sachsen) (Mammalia: Rodentia: Muridae). – Zoologische. Abhandlungen des Museums für Tierkunde Dresden, 49(2): 311–314

- (2002): Das „simplex"-Muster bei Feldmäusen (*Microtus arvalis*) aus sächsischen Populationen. – Mitteilungen für sächsische Säugetierfreunde, 1: 17–19

KHRUSTSELEVSKII, V.P. & T.A. GORODETSKAYA (1952): Materials on ecology of Brandt's vole. – Report 2. Trans. Antiplague Inst. of Siberia and the Far East, 10: 54–75

KIMCHI, T. AND J. TERKEL (2001): Spatial learning and memory in the blind mole-rat in comparison with the laboratory rat and Levant vole. – Animal Behaviour, 61(1): 171–180

KITAHARA, E. (1995): Growth and development of captive Anderson´s Red-backed voles from Kii Peninsula. – Journal of the Mammalian. Society,. 20(1): 29–42

LEITHOLD, G. (2003): Überlegungen zum Einsatz von Laufrädern in der Labor und Heimtierhaltung. – Rodentia, 3(4): 48–50

LI, X.S. & D.H. WANG (2005): Regulation of body weight and thermogenesis in seasonally acclimatized Brandt's voles (*Microtus brandti*). – Horm Behav., 48(3):321–328

LIU, H. & D.-H. WANG (2002): Energy requirements during reproduction in female Brandt´s voles. – Journal of Mammalogy, 84(4): 1410–1416

MALYGIN, V.M. (1983): Systematics of Common Voles. – Nauka, Moscow, 205 S.

MILLER, G. S. (1896): Genera and Subgenera of Voles and Lemmings. – North American. Fauna, 12: 1–84

COMMITTEE ON ANIMAL NUTRITION (1978): Nutrient requirements of laboratory animals : rat, mouse, gerbil, guinea pig, hamster, vole, fish. – National Academy of Sciences, Washington, 56 S.

NIKLASSON, B., B. HORNFELDT (2003): Type 1 diabetes in Swedish bank voles (*Clethrionomys glareolus*): signs of disease in both colonized and wild cyclic populations at peak density. – Annals of the New York Academy of Science, 1005: 170– 175

LITERATUR

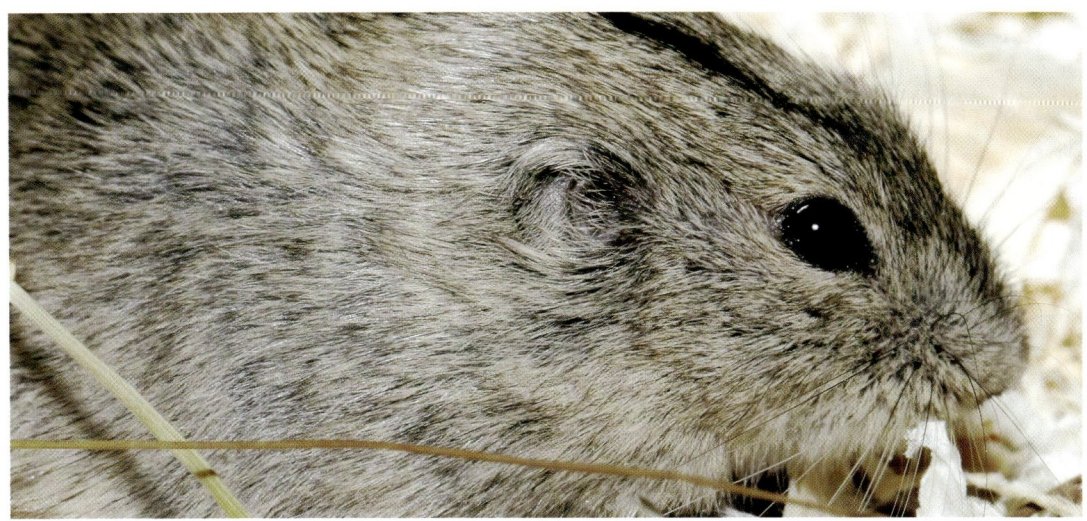

Grauer Steppenlemming (*Lagurus lagurus*) Foto: C. Ehrlich

NITSCHKE, K.-A. (1987): Bemerkenswertes Alter eine Rötelmaus (*Clethrionomys glareolus*). – Säugetierkunde Inf., 2: 500

NOWAK, R. M. (1999): Walkers Mammals of the World. – The John Hopkins University Press, Baltimore/London

OKU, Y. & J. WEI (2002): *Meriones meridianus* and *Lagurus lagurus* as alternative definitive hosts of Echinococcus multilocularis and E. granulosus. – Experimental Animals, 51(1): 27–32

PETERSON, J. (1994): Der Einfluss der Steppenwühlmaus *Microtus brandti* (Radde 1861) auf Struktur und Dynamik der Steppenvegetation in der Mongolei. – Univ. Halle, Halle

POGOSIANTS, E.E. (1956): Experimental tumors in a steppelemmer (*Lagurus lagurus* Pall.). – Vopr Onkol, 2(2): 193–198

POGOSIANTS, E.E. & N.I. BOLONINA (1959): Steppe lemming (*Lagurus lagurus* Pall.) as a new animal useful for experimental oncological research. – Vopr Onkol, 5(3): 281–289

POGOSIANZ, H. E., N. I. BOLONINA (1960): The steppelemming (*Lagurus lagurus*): a new animal suitable for cancer research. – Acta Unio Int Contra Cancrum, 16: 1238–1243

PUSCHMANN, W. (2004): Zootierhaltung, Tiere in menschlicher Obhut - Säugetiere. –Wissenschaftlicher Verlag Harry Deutsch, Frankfurt a.M., 878 S.

RABEDER, G. (1986): Herkunft und frühe Evolution der Gattung *Microtus* (Arvicolidae, Rodentia). – Zeitschrift für Säugetierkunde, 51: 350–367

RAVCIGIJN, S. (1992): Der Einfluss abiotischer Faktoren auf biologische Parameter der Steppenwühlmaus *Microtus brandti* (Radde 1861). – Univ. Halle, Halle

SASAKI, M. & T. ARAI (1989): Diabetic syndrome induced by monosodium aspartate administration in *Microtus arvalis* (Pallas). – Nippon Juigaku Zasshi, 51(4): 669–675

SCHMIDT, G. (1985). Hamster, Meerschweinchen, Mäuse und andere Nagetiere. –Ulmer Verlag Stuttgart, 251 S.

SHUBIN, I. G. (1974): Ecology of *Lagurus luteus* in the Zaisan Hollow. – Zool. Zhur, 53: 272–277

SISTERMANN, R. (2004): Der Steppenlemming (*Lagurus lagurus*) – Legende und Wahrheit über ein Nagetier. – Rodentia, 19: 50–52

TAMARIN, R. H. (1985): Biology of New World Microtus. – Pa. American Society of Mammalogists, Shippensburg

TAVERNIER, R. J. & A.L. LARGEN (2004): Circadian organization of a subarctic rodent, the northern redbacked vole (*Clethrionomys rutilus*). – J Biol Rhythms, 19(3): 238–247

TURCHIN, P. & L. OKSANEN (2000): Are lemmings prey or predators – Nature, 405(6786): 562–565

WHITNEY, R. & H.O. BURDICK (1965): Obeservation on Russe Steppe Lemmings *Lagurus lagurus*. – Journal of Reproduction and Fertility, 9(3): 379

WIDAYATI, D.T. & K. MEKADA (2003): Reproductive features of the Russian vole in laboratory breeding. – Experimental Animals, 52(4): 329–334

ZÖPHEL, U. (1994): Populations- und ethökologische Untersuchungen an der Steppenwühlmaus *Microtus brandti* (Radde 1861). – Univ. Halle, Halle

„Ein Muss für jeden, der plant, einem kleinen Exoten ein Heim einzurichten"
(„Ein Herz für Tiere", Juni 2004)

KLEINSÄUGER IM TERRARIUM
BIOLOGIE HALTUNG ZUCHT
VON CHRISTIAN EHRLICH
128 Seiten, 149 Abbildungen
ISBN 978-3-86659-023-6
Preis: **19,80 €**
(zzgl. Versandkosten)

Viele Tierfreunde wollen sich nicht mehr einfach nur mit dem klassischen Hamster im ebenso klassischen Hamsterkäfig zufrieden geben. Wer so spannende Tiere wie Igel, Opossums, Raubbeutler, Sugar-Gliders, Gürteltiere, Tanreks, Ziesel, Hörnchen, Fledertiere & Co. halten, beobachten und nachzüchten möchte, der kommt an diesem Buch nicht vorbei.

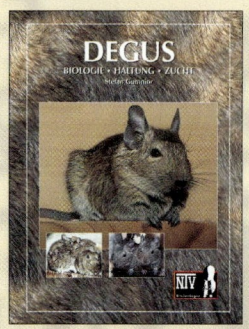

DEGUS
BIOLOGIE HALTUNG ZUCHT
VON SANDRA HONIGS
80 Seiten, 90 Abbildungen
ISBN 978-3-937285-53-5
Preis: **14,80 €**
(zzgl. Versandkosten)

ZWERGHAMSTER
BIOLOGIE HALTUNG ZUCHT
VON SANDRA HONIGS
80 Seiten, 90 Abbildungen
ISBN 978-3-931587-96-3
Preis: **14,80 €**
(zzgl. Versandkosten)

PRÄRIEHUNDE
BIOLOGIE HALTUNG ZUCHT
VON CHRISTIAN EHRLICH
96 Seiten, zahlreiche Abbildungen
ISBN 978-3-931587-97-0
Preis: **19,80 €**
(zzgl. Versandkosten)

Fordern Sie unseren kostenfreien Gesamtprospekt an!

Natur und Tier - Verlag GmbH
An der Kleimannbrücke 39/41
48157 Münster
Telefon: 0251-13339-0
Telefax: 0251-13339-33
E-Mail: verlag@ms-verlag.de
Home: www.ms-verlag.de